# 大豆花生除草剂使用技术图解


主　　编　张玉聚　吴仁海　张存君

副主编　宋　红　龚淑玲　张成霞　李艳丽　张艳华

编写人员　（按姓氏笔画排列）

王会艳　王江蓉　王守国　王恒亮　史艳红
刘　胜　刘学强　孙化田　朱嗣和　吴仁海
宋　红　张永超　张玉聚　张存君　张成霞
张艳华　李伟东　李晓凯　李艳丽　杨　阳
苏旺苍　周新强　贾永强　郭予新　郭淑媛
龚淑玲　鲁传涛　楚桂芬

金盾出版社

## 内 容 提 要

本书以大量照片为主，配以简要文字，详细地介绍了大豆和花生田如何正确使用除草剂。内容包括：大豆和花生田主要杂草，大豆和花生田除草剂应用技术，大豆田杂草防治技术和花生田杂草防治技术。本书内容丰富，文字通俗易懂，照片清晰、典型，适合广大农户参考使用。

**图书在版编目(CIP)数据**

大豆花生除草剂使用技术图解/张玉聚，吴仁海，张存君主编．-- 北京：金盾出版社，2012.8
ISBN 978-7-5082-7278-8

Ⅰ．①大…　Ⅱ．①张…②吴…③张…　Ⅲ．①大豆—田间管理—除草剂—农药施用—图解②花生—田间管理—除草剂—农药施用—图解　Ⅳ．①S451.22-64

中国版本图书馆 CIP 数据核字(2011)第 221044 号

**金盾出版社出版、总发行**
北京太平路 5 号(地铁万寿路站往南)
邮政编码：100036　电话：68214039　83219215
传真：68276683　网址：www.jdcbs.cn
封面印刷：北京蓝迪彩色印务有限公司
正文印刷：北京画中画印刷集团
装订：北京画中画印刷集团
各地新华书店经销

开本：850×1168 1/32　印张：5.5　字数：87 千字
2012 年 8 月第 1 版第 1 次印刷
印数：1～8 000 册　定价：28.00 元

# 前　言

农田杂草是影响农作物丰产丰收的重要因素。杂草与作物共生并竞争性吸收养分、水分、光照与空气等生长条件，严重影响着农作物的产量和品质。在传统农业生产中，主要靠锄地、中耕、人工拔草等方法防除草害，这些方法工作量大、费工、费时，劳动效率较低，而且除草效果不佳。杂草的化学防除是克服农田杂草危害的有效手段，具有省工、省时、方便、高效等优点。除草剂是社会、经济、技术和农业生产发展到一个较高水平和历史阶段的产物，是人们为谋求高效率、高效益农业的重要生产资料，是高效优质农业生产的必要物质基础。

近年来，随着农村经济条件的改善和高效优质农业的发展，除草剂的应用与生产发展迅速，市场需求不断增加；然而，除草剂产品不同于其他一般性商品，除草剂技术性强，它的应用效果受到作物、杂草、时期、剂量、环境等多方面因素的影响，我国除草剂的生产应用问题突出，药效不稳、药害频繁，众多除草剂生产企业和营销推广人员费尽心机，不停地与农民为药效、药害矛盾奔波，严重地制约着除草剂的生产应用和农业的发展。

除草剂应用技术研究和经营策略探索，已经成为除草剂行业中的关键课题。近年来，我们先后主持承担了国家和河南省多项重点科技项目，开展了除草剂应用技术研究；同时，深入各级经销商、农户、村庄调研除草剂的营销策略、应用状况、消费心理；并与多家除草剂生产企业开展合作，进行品种的营销策划实践。本套丛书是结合我们多年科研和工作经验，并查阅了大量的国内外文献而编写成的，旨在全面介绍农田杂草的生物学特点和发生规律，系统阐述除草剂的作用原理和应用技术，深入分析各地农田杂草的发生规律、防治策略和除草剂的安全高效应用技巧，有效地推动除草剂的生产与应用。该书主要读者对象是各级农业技术推广人员和除草剂经销服务人员；同时也供农民技术员、农业科研人员、农药厂技术研发和推广销售人员参考。

除草剂是一种特殊商品，其技术性和区域性较强，书中内容仅供参考。建议读者在阅读本书的基础上，结合当地实际情况和杂草防治经验进行试验示范后再推广应用。凡是机械性照搬本书，不能因地制宜地施药而造成的药害和药效问题，请自行承担。由于作者水平有限，书中不当之处，诚请各位专家和读者批评指正。

编著者

# 目　录

# 第一章　大豆和花生田主要杂草

## 一、大豆和花生田杂草发生危害情况

### （一）大豆田杂草发生危害情况

大豆是植物蛋白食品及饲料的主要来源，也是榨油原料之一。我国目前种植面积750多万公顷，占粮食作物种植总面积的6.7%，占粮食作物总产量的2.5%。其中，黑龙江、河南、安徽、吉林、山东、河北、辽宁、江苏等省种植面积较大，约占全国种植面积的75%，产量约占总产量的80%。

杂草对大豆生长影响严重。全国大豆草害面积平均为80%，中等以上草害面积达53.4%，杂草危害是大豆减产的重要原因之一。特别是在北方，5～8月份的杂草发生期正值雨季，由于人少地多、管理粗放，常常造成草荒。

我国幅员辽阔，自然条件复杂，由于各种种植方式、耕作制度和栽培措施的差异，从而在大豆田形成了类群繁多的杂草种群。我国的大豆栽培，按耕作制度可分为4个草害区，即东北春大豆草害区、黄淮海大豆草害区、长江流域大豆草害区和华南大豆草害区，另外在其它地区也有少量种植。

东北春大豆草害区：是我国的大豆主产区，一年一熟，均为春大豆。主要杂草种类有稗草、蓼、狗尾草、藜、问荆、苍耳、鸭跖草等。该区南北差异较大，杂草种类也不尽相同。

黄淮海大豆草害区：耕作方式多为一年二熟或二年三熟，前茬多为小麦，常与棉花、玉米间作。大豆田草害面积达52%～86%，中等以上危害面积达28%～64%。该区大豆田主要杂草有马唐、牛筋草、藜、金狗尾草、绿狗尾草、反枝苋、醴肠、铁苋菜等。主要杂草群落有：马唐＋稗草＋醴肠，牛筋草＋马唐＋稗草，反枝苋＋绿狗尾草＋苘麻，藜＋牛筋草＋马唐，金狗尾草＋稗草＋马唐，铁苋菜＋马唐＋稗草。

长江流域大豆草害区：大豆面积相对较小。主要杂草种类有千金子、马唐、稗草、苍耳、反枝苋、牛筋草、碎米莎草、凹头苋、狗尾草等。

华南大豆草害区：该区气温高，可种春大豆和秋大豆两季，种植面积较小。主要杂草有马唐、稗草、碎米莎草、胜红蓟、青葙、醴肠、狗尾草、莲子草、香附子等。

### （二）花生田杂草发生危害情况

花生是重要的油料作物。我国目前种植面积290多万公顷，占油料作物总面积的27%。其中河南、山东、河北、江苏北部种植面积较大。我国花生的分布非常广泛，南起海南岛，北到黑龙江，东自台湾，西达新疆，都有花生种植，但主要集中在山东，河南，河北，安徽等省，占全国花生产量的60%以上，我国花生种植以农业自然区为基础可划分为7个花生产区：北方大花生区、南方春秋两熟花生区，长江流域春夏花生交作区，云贵高原花生区，东北部早熟花生区，西北内陆花生区和黄淮海花生区。

黄淮海花生区是我国最主要的花生产区，包括山东、河南、皖北、苏北、河北、陕西，据在山东烟台、德州地区调查，草害面积达94%，中等以上危害面积为80%；主要杂草有牛筋草、绿苋、马唐、马齿苋、小蓟、铁苋菜、香附子、金狗尾等。

杂草与花生争夺养分、水分和空间，造成花生生长不良，植株矮小，叶色发黄，根系不发达，严重影响花生的产量和品质；花生田因草害一般减产 5%～10%，严重的田块可达 30%～50%，甚至更多。

## 二、大豆和花生田主要杂草种类

大豆和花生田的杂草发生普遍，种类繁多。我国大豆田杂草主要有一年生禾本科杂草马唐、狗尾草、牛筋草、稗草、金狗尾草、野燕麦等；一年生阔叶杂草有藜、苍耳、苋、龙葵、铁苋菜、香薷、水棘针、狼把草、柳叶刺蓼、酸模叶蓼、猪毛菜、菟丝子、鸭跖草、马齿苋、猪殃殃、繁缕、苘麻等；多年生杂草有问荆、苣荬菜、大蓟、小蓟、狗芽根、芦苇、香附子等。据调查花生田杂草共有 26 科 70 余种。其中禾本科杂草占 25% 以上，菊科，杂草占 13% 左右，另外还有苋科、蓼科、藜科、茄科等。马唐、狗尾草、牛筋草、稗草、莎草、铁苋菜、马齿苋、反枝苋、藜、苍耳、龙葵、画眉草等田间密度最大，马唐出现的频率为 95.3%，是花生田的主要杂草。

### 1. 藜科 Chenopod

#### 藜 *Chenopodium album* L. 灰菜、落藜

**【识别要点】** 茎直立，高 60～120 厘米。叶互生，菱状卵形或近三角形，基部宽楔形，叶缘具不整齐锯齿；花两性，数个花集成团伞花簇，花小（图 1-1 至图 1-3）。

**【生物学特性】** 种子繁殖。适应性强，抗寒、耐旱，喜肥喜光。从早春到晚秋可随时发芽出苗。种子落地或借外力传播。每株结种子可达 22 400 粒，种子经冬眠后萌发。

**【分布与危害】** 全国各地都有分布。

图1–1 单 株

图1–2 花 序

图1–3 幼 苗

## 小藜 *Chenopodium serotinum* L. 灰条菜、小灰条

**【识别要点】** 茎直立，高20～50厘米。叶互生，具柄；叶片长卵形或长圆形，边缘有波状缺齿，叶两面疏生粉粒，短穗状花序，腋生或顶生（图1–4至图1–7）。

**【生物学特性】** 种子繁殖、越冬，1年2代。

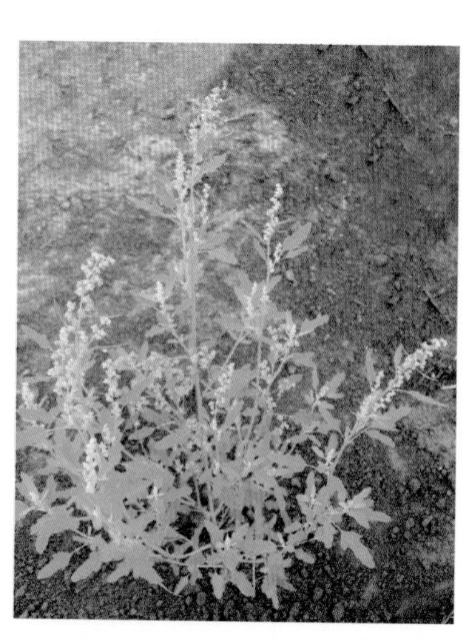

图1–4 单 株

**【分布与危害】** 除西藏外，全国各地均有分布。为农田主要杂草。

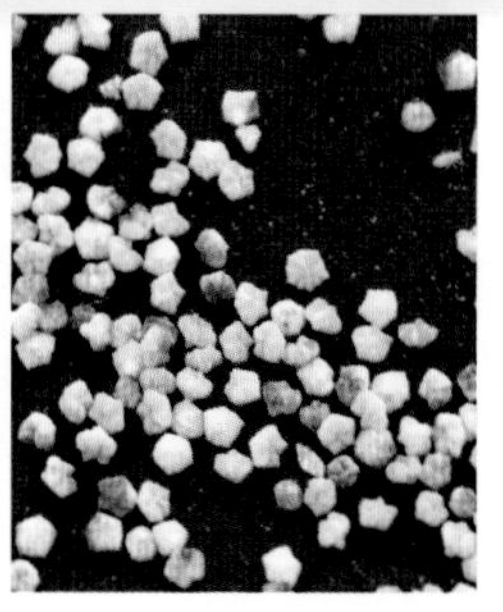

图1–5　花　序　　图1–6　种　子　　图1–7　幼　苗

## *灰绿藜 Chenopodium glaucum* L. *灰灰菜、翻白藤*

**【识别要点】** 分枝平卧或斜升。叶互生，长圆状卵圆形至披针形，叶缘具波状齿，上面深绿色，下面有较厚的灰白色或淡紫色粉粒（图1–8）。

**【生物学特性】** 种子繁殖，一年生或二年生草本。

**【分布与危害】** 分布于东北、华北、西北等地。适生于轻盐碱地。

图1–8　单　株

## 地肤 *Kochia scoparia* (L.) Schrad. 扫帚苗、扫帚菜

**【识别要点】** 高50～150厘米。茎直立，多分枝，秋天常变为红紫色，幼时具白色柔毛，后变光滑。单叶互生，稠密；几无柄，叶片狭长圆形或长圆状披针形(图1–9)。

图1–9 单 株

**【生物学特性】** 一年生草本，种子繁殖，在河南，3月份发芽出苗，花期7～9月份，果期9～10月份。

**【分布与危害】** 分布全国，尤以北部各省最普遍。以轻度盐碱地较多重。

## 碱蓬 *Suaeda glauca* Bunge 灰绿碱蓬

**【识别要点】** 茎直立，淡绿色，具条纹，上部多分枝，枝细长。叶丝状线形，肉质。胞果包于花被内，果皮膜质(图1–10)。

图1–10 群 体

**【生物学特性】** 一年生草本。春季萌发，夏季尚见幼苗；花期7～8月，果期9

月。种子繁殖。

**【分布与危害】** 生于农田、沟渠和荒地，适生于盐碱地重。

### 猪毛菜 *Salsola collina* Pall. 猪毛荚、沙蓬

**【识别要点】** 茎直立，基部分枝开展，淡绿色，叶互生，无柄，叶片丝状圆柱形，肉质，深绿色，硬刺尖。穗状花序(图1−11)。

**【生物学特性】** 一年生草本，种子繁殖。3～4月份发芽，花期6～9月份，果期8～10月份。

**【分布与危害】** 分布于东北、华北、西北及四川等地。

图1−11　单　株

## 2.苋科 Amaranthaceae

### 苋菜 *Amaranthus tricolor* L. 雁来红、老来少、三色苋

**【识别要点】** 茎粗壮直立，常分枝，绿色或红色。叶片卵形至椭圆状披针形，绿色或常成红紫色，或加杂其他颜色（图1−12至图1−14）。

图1−12　单　株

图1−13　花

图1−14　叶

**【生物学特性】** 一年生草本。种子繁殖。

**【分布与危害】** 全国各地均有分布。

### 反枝苋 *Amaranthus retrofexus* L. 人苋菜、西风谷、野苋菜

**【识别要点】** 直立，单一或分枝。叶菱状卵形或椭圆状卵形，先端锐尖或微凹，基部楔形，全缘或波状缘；花序圆锥状较粗壮顶生或腋生，由多数穗状花序组成（图1–15至图1–17）。

**【生物学特性】** 一年生草本，种子繁殖。

**【分布与危害】** 分布广泛，适应性强，为农田主要杂草。

图1–15 单 株

图1–16 穗

图1–17 幼 苗

### 绿苋 *Amaranthus viridis* L. 皱果苋

**【识别要点】** 茎直立，常由基部散射出3～5个分枝。叶卵形至卵状椭圆形，先端微凹，有一小芒尖，叶面常有“V”字形白斑(图1–18)。

图1–18 单 株

**【生物学特性】** 一年生草本，种子繁殖。

**【分布与危害】** 分布广泛。

### 青葙 *Celosia argentea* L. 野鸡冠花

**【识别要点】** 茎直立，有分枝。叶互生，叶片披针形或椭圆状披针形，全缘。穗状花序顶生，圆柱形；花多数，密生，初开时淡红色，后变白色(图1–19)。

**【生物学特点】** 一年生草本，种子繁殖。

**【分布与危害】** 分布于河北、河南、陕西、山东及沿长江流域和长江流域以南地区。

图1–19　单　株

## 3.马齿苋科 Portulacaceae

### 马齿苋 *Portulaca oleracea* L.

**【识别要点】** 肉质，茎伏卧，深绿色；叶楔状长圆形或倒卵形。花小，无梗；花瓣5瓣，黄色（图1–20至图1–22）。

**【生物学特性】** 一年生草本植物。种子繁殖。

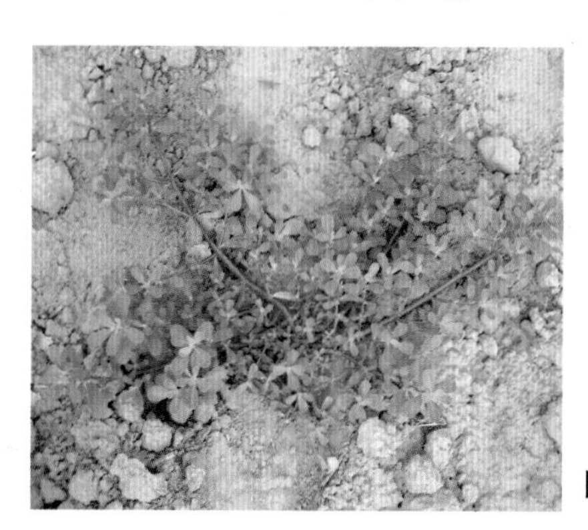

图1–20　单　株

图1-21 花

图1-22 种 子

【分布与危害】 遍及全国，为秋熟旱作物田的主要杂草。

## 4.大戟科 Euphorbiaceae

### 铁苋 *Acalypha australis* L. 海蚌含珠

【识别要点】 高30～50厘米。茎直立，有分枝。单叶互生，叶具柄，卵状披针形或长卵圆形，先端渐尖，基部楔形，基部三出脉明显。穗状花序腋生，花单性，雌雄同序，无花瓣，雄花序在上，花萼3片。蒴果钝三角形（图1–23至1–26）。

图1–23 单 株

图1–24 穗

图1–25 幼 苗

图1-26 果

【生物学特性】 一年生，种子繁殖。喜湿，当地温稳定在10℃～16℃时萌发出土。苗期4～5月份；花期7～8月份，果期8～10月份。果实成熟开裂，散落种子。经冬季休眠后萌发。

【分布与危害】 除新疆外，分布遍及全国，在黄河流域及其以南地区发生，危害普遍。为秋熟旱作物田主要杂草。

## 5.锦葵科

### 苘麻 *Abutilon theophrasti* Medie. 白麻、青麻

【识别要点】 株高1～2米，茎直立，上部有分枝，具柔毛。叶互生，圆心形，先端尖，基部心形，两面密生星状柔毛，叶柄长。花单生叶腋，花梗长1～3厘米，近端处有节；花萼杯状5深裂，花瓣5，黄色。蒴果半球形（图1-27至图1-30）。

【生物学特性】 一年生，种子繁殖。4～5月份出苗，花期6～8月份，果期8～9月份。

【分布与危害】全国遍布。

图1-27 幼 苗

图1-28 果

图1-29 单 株

适生于较湿润而肥沃的土壤，原为栽培植物，后逸为野生，部分地方发生严重。

图1-30 花

### 圆叶锦葵 *Malva rotundifolia* L. 野锦葵、托盘果

【识别要点】 根深而粗大。植株较小，茎分枝多而匍生，略有粗毛。叶互生，肾形，常为5～7浅裂，裂片边缘有细圆齿，上面疏被星状柔毛，下被长柔毛；花在上部3～5朵簇生，在基部单生；花冠白色或粉红色。果实扁圆形，灰褐色，种子近圆形，种脐黑褐色（图1–31）。

【生物学特性】 多年生草本。花果期4～9 月份。种子繁殖。

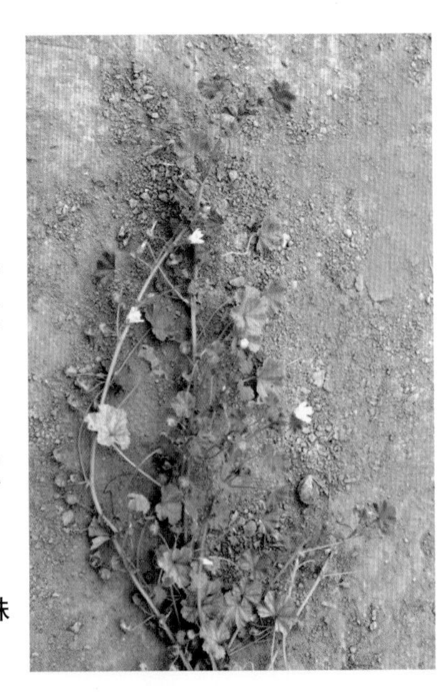

图1–31 单 株

【分布与危害】 耐干旱，多生长于荒野、路旁和草坡，为旱作物地一般杂草，发生量小，危害轻。广布于各省区。

### 野西瓜苗 *Hibiscus trionum* L.

【识别要点】 茎柔软，常横卧或斜生，被白色星状粗毛。叶互生，下部叶圆形，不分裂或5浅裂，上部叶掌状3～5全裂；叶柄细长。花单生叶腋。蒴果（图1–32）。

【生物学特性】 一年生草本。种子繁殖。

【分布与危害】 分布广泛。适生于较湿润而肥沃的农田，亦较耐旱，为旱作物地常见杂草。

图1–32 单 株

## 6.旋花科 Convolvulaceae

### 田旋花 *Convolvulus arvensis* L. 箭叶旋花

图1–33 幼 苗

【识别要点】 具直根和根状茎。茎蔓性，缠绕或匍匐生长。叶互生，有柄；叶片卵状长椭圆形或戟形。花序腋生，具细长梗，萼片5，花冠漏斗状，红色。蒴果卵状球形或圆锥形（图 1–33 至图 1–35）。

**【生物学特性】** 多年生缠绕草本，地下茎及种子繁殖。

**【分布与危害】** 分布于东北、华北、西北、四川等地区。

图 1–34 单 株

图 1–35 花

## 打碗花 *Calystegia hederacea* Wall. ex Roxb. 小旋花

**【识别要点】** 具白色根茎，茎蔓生缠绕或匍匐分枝。叶互生，具长柄；基部的叶全缘，近椭圆形，先端钝圆，基部心形；茎中、上部的叶三角状戟形。花单生于叶腋，花梗具角棱，萼片 5，花冠漏斗状，粉红色或淡紫色。蒴果卵圆形（图 1–36 至图 1–37）。

图 1–36 幼 苗

图 1–37 群 体

**【生物学特性】** 多年生蔓性草本。地下茎茎芽和种子繁殖。

**【分布与危害】** 分布全国。在有些地区成为恶性杂草。

## 篱打碗花 *Calystegia sepium* (L.) R.Br. 旋花、喇叭花

**【识别要点】** 根白色，细长。茎缠绕或匍匐生长，多分枝。叶片三角状卵形，基部箭形，具浅裂片或全缘。花单生于叶腋，萼片5，花冠漏斗状，粉红色（图1-38）。

**【生物学特性】** 多年生蔓性草本。根芽和种子繁殖。

**【分布与危害】** 分布全国。

图1-38　单　株

## 裂叶牵牛 *Pharbitis nil*（L.）Choisy 大牵牛花

**【识别要点】** 茎缠绕，多分枝。叶互生，具柄，叶片宽卵形，常3裂，裂口宽而圆，不向内凹陷。花序有花1～3朵；萼片5片，花冠漏斗状。蒴果（图1-39）。

**【生物学特性】** 种子繁殖，一年生草本。

图1-39　单　株

圆叶牵牛 *Pharbitis purpurea* (L.) Voigt 牵牛花

**【识别要点】** 茎缠绕多分枝。子叶方形，先端深凹；叶互生，卵圆形，先端尖，基部心形，叶柄长。花序有花 1～5 朵，总花梗与叶柄近等长，萼片 5，花冠漏斗状，紫色、淡红色或白色。蒴果近球形（图 1–40 至图 1–41）。

**【生物学特性】** 种子繁殖，一年生草本。华北地区 4～5 月份出苗，6～9 月份开花，9～10 月份为结果期。

**【分布与危害】** 遍布全国。适应性很广，有时侵入农田(旱作物地)或果园缠绕栽培植物造成危害。

图 1–40 单 株

图 1–41 花

## 7.唇形科 Labiatae

香薷 *Elsholtzia ciliata* (Thunb.) Hyland. 水荆芥、臭荆芥、野苏麻

**【识别要点】** 株高 30～50 厘米。茎直立，钝四棱形，被倒向白色疏柔毛，下部毛常脱落。叶卵形或椭圆状披针形。先端渐尖，基

部楔状下延成狭翅，边缘具锯齿，沿主脉上疏被小硬毛（图1－42至图1－43）。

**【生物学特性】** 一年生草本，花期7～9月份，果期10月份。种子繁殖。

**【分布与危害】** 东北及西北部分地区对旱地农田有较重的危害。

图1－42　植　株

图1－43　花　序

## 8.茄　科 Solanaceae

### 龙葵 *Solanum nigrum* L. 野茄秧、老鸦眼子

**【识别要点】** 茎直立，多分枝。叶卵形，先端短尖，叶基楔形至阔楔形而下延至叶柄。聚伞花序腋外生；花萼杯状，绿色，5浅裂；花冠白色，5深裂（图1－44至图1－47）。

图1－44　单　株

**【生物学特性】** 种子繁殖，一年生直立草本。

**【分布与危害】** 广布全国。

图1-45 幼 苗

图1-46 果

图1-47 花

## 腺龙葵 *Solanum sarachoides* Sendt.

**【识别要点】** 茎直立或横卧，有棱，密被腺毛。叶卵形，顶端短尖，基部楔形，下延至叶柄，叶缘具不规则波状粗齿。花单生或由2～4朵组成蝎尾状花序腋外生；花冠白色（图1-48）。

**【生物学特性】** 一年生草本，种子繁殖。

图1-48 单 株

### 苦蘵 *Physalis angulata* L. 灯笼草、毛酸浆

**【识别要点】** 茎直立，多分枝。叶片卵形至卵状椭圆形。花较小，花冠淡黄色，喉部常有紫色斑纹。浆果球形（图1−49）。

**【生物学特性】** 种子繁殖，一年生草本，4～7月份出苗，6～9月份开花，7～10月份逐渐成熟。

**【分布与危害】** 分布于我国中南地区。

图1−49　单　株

## 9.菊科 Compositae

### 苣荬菜 *Sonchus brachyotus* DC. 曲荬菜

**【识别要点】** 全体含乳汁。茎直立，上部分枝或不分枝。叶片长圆状披针形或宽披针形。头状花序顶生（图1−50至图1−52）。

**【生物学特性】** 多年生草本。以根茎和种子繁殖。

图1−50　单　株

【分布与危害】为区域性恶性杂草，危害棉花、油菜、甜菜、豆类、小麦、玉米、谷子、蔬菜等作物。

图1–51 花

图1–52 幼 苗

## 辣子草 *Galinsoga parviflora* Cav. 牛膝菊

**【识别要点】** 茎单一或于下部分枝，分枝斜升，被长柔毛状伏毛。叶对生，具柄，叶片卵形，边缘具钝齿。头状花序半球形至宽钟形（图1–53）。

**【生物学特性】** 一年生，种子繁殖。

**【分布与危害】** 分布于全国。

图1–53 单 株

## 山苦荬 *Ixeris chinensis* (Thunb.) Nakai. 苦菜

**【识别要点】** 具乳汁。有匍匐根。茎基部多分枝。基生叶丛生，线状披针形或倒披针形，茎生叶互生，向上渐小而无柄，基部稍抱茎。头状花序排列成疏生的伞房花序；花全为舌状花，黄色或白色，花药墨绿色（图 1–54）。

**【生物学特性】** 多年生草本，以根芽和种子繁殖。

**【分布与危害】** 分布于全国。

图 1–54　单　株

## 苦荬菜 *Ixeris denticulate* (Houtt.) Stebb. 秋苦荬菜

**【识别要点】** 茎直立，多分枝，平滑无毛，常带紫色。基生叶长圆形或披针形，边缘波状齿裂或提琴状羽裂。头状花序黄色，排成伞房状（图 1–55）。

**【生物学特性】** 多年生草本，花果期 9～11 月份。以地下芽和种子繁殖。

**【分布与危害】** 本种适应性强，是常见的路埂杂草，常于果园危害。分布于我国南北各省区。

图 1–55　植　株

## 苦苣菜 *Sonchus oleraceus* L. 苦菜、滇苦菜

**【识别要点】** 根纺锤状。茎中空，直立，株高50～100厘米，下部光滑，中上部及顶端有稀疏腺毛。叶片柔软无毛，长椭圆状倒披针形，羽状深裂或提琴状羽裂，裂片边缘有不规则的短软刺状齿至小尖齿；基生叶片基部下延成翼柄，茎生叶片基部抱茎，叶耳略呈戟形。头状花序，花序梗常有腺毛或初期有蛛丝状毛；总苞钟形或圆筒形，绿色；舌状花黄色。瘦果倒卵状椭圆形（图1–56）。

**【生物学特性】** 种子繁殖，一年或二年生草本。花果期3～10月份。

**【分布与危害】** 分布于全国。为果园、桑园、茶园和路埂常见杂草，发生量小，危害轻。

图1–56 单 株

## 大蓟 *Cephalanoplos segetum* (Willd.) Kitam.

**【识别要点】** 成株茎直立，上部有分枝。中部叶长圆形、椭圆形至椭圆状披针形，先端钝形，有刺尖，边缘有缺刻状粗锯羽状浅裂，有细刺。雌雄异株，头状花序集生于顶部（图1–57）。

图1–57 植 株

**【生物学特性】** 多年生草本。

**【分布与危害】** 分布广泛。

### 苍耳 *Xanthium sibiricum* Patrin.

**【识别要点】** 茎直立。叶互生，具长柄；叶片三角状卵形或心形，叶缘有缺刻及不规则的粗锯齿。头状花序腋生或顶生。瘦果稍扁（图1–58）。

**【生物学特性】** 种子繁殖，一年生草本。

**【分布与危害】** 分布于全国各地。生于旱作物田间、果园。局部地区危害较重。

图1–58　植　株

### 鳢肠 *Eclipta prostrata* L. 旱莲草、墨草

**【识别要点】** 茎直立或匍匐，基部多分枝，下部伏卧。叶对生，叶片椭圆状披针形，全缘或略有细齿，基部渐狭而无柄，两面被糙毛。头状花序有梗（图1–59）。

【生物学特点】 种子繁殖，一年生草本。

图1–59　单　株

**【分布与危害】** 分布于全国。为棉花、水稻田等危害严重的杂草，在局部地区已成为恶性杂草。

### 辣子草 *Galinsoga parviflora* Cav. 牛膝菊

**【识别要点】** 茎单一或于下部分枝，分枝斜升，被长柔毛状伏毛。叶对生，具柄，叶片卵形，边缘具钝齿。头状花序半球形至宽钟形（图1-60）。

**【生物学特性】** 一年生，种子繁殖。

**【分布与危害】** 分布于全国。

图1-60 单 株

## 10.禾本科 Gramineae

### 牛筋草 *Eleusine indica* (L.) Gaertn. 蟋蟀草

**【识别要点】** 根稠而深，难拔。秆丛生，基部倾斜向四周开展。叶鞘压扁，有脊，鞘口常有柔毛。穗状花序簇生于秆顶（图1-61至图1-63）。

图1-61 单 株

图 1–62　幼　苗

【生物学特性】　种子繁殖，一年生草本。

图 1–63　穗

【分布与危害】　遍布全国，为秋熟旱作物田的恶性杂草。

马唐 *Digitaria sanguinalis* (Linn.) Scop 秧子草

【识别要点】　秆丛生，基部展开或倾斜，着土后节易生根或具分枝。叶鞘松弛抱茎，大部分短于节间；叶舌膜质，黄棕色，先端钝圆。总状花序 3～10 个，长 5～18 厘米，上部互生或呈指状排列于茎顶，下部近于轮生（图 1–64 至图 1–66）。

【生物学特性】　种子繁殖，一年生草本。苗期 4～6 月份，花果期 6～11 月份。种子边成熟边脱落，繁殖力很强。

图 1–64　穗

图 1–65　幼　苗

图 1–66　单　株

**【分布与危害】** 分布于全国，以秦岭、淮河以北地区发生面积最大。秋熟旱作物田恶性杂草。发生数量、分布范围在旱地杂草中均居首位，以作物生长的前中期危害为主。

### 狗尾草 *Setaria viridis* (L.) Beauv. 绿狗尾草、谷莠子

**【识别要点】** 株高20～60厘米，丛生，直立或倾斜，基部偶有分枝。叶舌膜质，具环毛；叶片线状披针形。圆锥花序紧密，呈圆柱状（图1–67至图1–68）。

**【生物学特性】** 种子繁殖，一年生草本。比较耐旱、耐瘠。4～5月份出苗，5月份中下旬形成高峰，以后随降雨和灌水还会出现小高峰；7～9月份陆续成熟，种子经冬眠后萌发。

**【分布与危害】** 遍布全国。为秋熟旱作物田主要杂草之一。

图1–67　单　株

图1–68　幼　苗

### 稗草 *Echinochloa Crusgalli* (L.) Beauv.

**【识别要点】** 秆直立或基部膝曲。叶条形，无叶舌。圆锥花序塔形，分枝为穗形总状花序，并生或对生于主轴（图1–69至1–72）。

**【生物学特性】** 种子繁殖，一年生草本。

**【分布与危害】** 适生于水田，在条件好的旱田发生也多，适应性强。

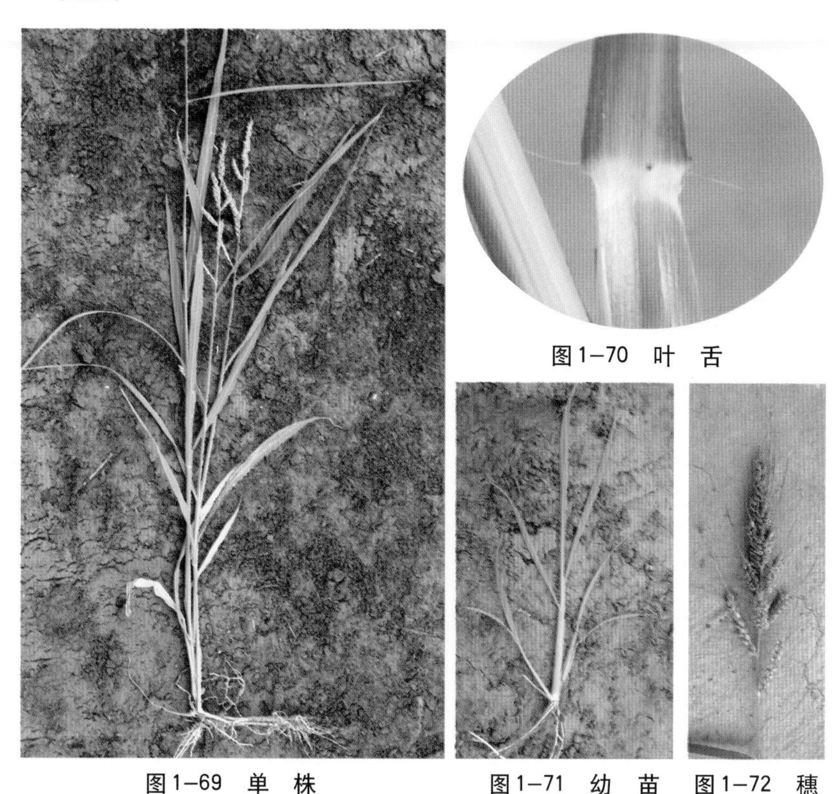

图1-69　单　株　　图1-70　叶　舌　　图1-71　幼　苗　　图1-72　穗

## 金狗尾草 *Setaria glauca* (L.) Beauv.

**【识别要点】** 秆直立或基部倾斜，株高20～90厘米。叶片线形，顶端长渐尖，基部钝圆，叶鞘无毛，下部压扁具脊，上部圆柱状；叶舌退化为一圈长约1毫米的柔毛。圆锥花序紧缩，圆柱状，小穗椭圆形（图1-73）。

**【生物学特性】** 种子繁殖，一年生草本。5～6月份出苗，6～10

月份开花结果。适应性强，喜湿、喜钙，同时耐旱、耐瘠薄，在低湿地生长旺盛，在碱性旱田土壤中连片生长。具有很强的繁殖力。

**【分布与危害】** 分布于全国。生长于较湿的农田，在局部地区危害严重。

图1–73 单 株

狼尾草 *Pennisetum alopecuroides* (L.) Spreng.

**【识别要点】** 须根较粗状，秆丛生，直立，株高30～120厘米，在花序以下密生柔毛。叶鞘光滑，两侧压扁，基部彼此跨生；叶舌短小，具纤毛，叶片长条形，先端长渐尖，基部生疣毛。圆锥花序直立，主轴密生柔毛。颖果灰褐色至近棕色（图1–74）。

**【生物学特性】** 多年生草本，花果期8～10月份，以地下根茎和种子繁殖。

**【分布与危害】** 分布于全国各地。一般以果园、茶园发生较多。全国各地。一般以果园、茶园发生较多。

图1–74 单 株

### 虎尾草 *Chloris virgata* Swartz. 刷子头、盘草

【识别要点】 丛生，直立或基部膝曲。叶鞘无毛，背具脊；叶舌具微纤毛；叶片条状披针形。穗状花序生茎顶，呈指状排列（图1–75）。

【生物学特性】 一年生草本，种子繁殖。华北地区4～5月份出苗，花期6～7月份，果期7～9月份。

【分布与危害】分布于全国。适生于向阳地，并以砂质地更多见。

图1–75　单　株

### 画眉草 *Eragrostis pilosa* (L.) Beauv. 星星草

【识别要点】 秆粗壮，直立丛生，基部常膝曲。叶鞘疏松裹茎，短于节间，鞘口具长柔毛；叶舌为一圈成束的短毛；叶片线形扁平。圆锥花序长圆形（图1–76）。

【生物学特性】 种子繁殖，一年生草本。

图1–76　单　株

【分布与危害】 分布全国。发生于浅山、丘陵或平原，以沙地较多，是秋作物田杂草，局部地区危害严重。

## 千金子 *Leptochloa chinensis* (L.) Ness.

【识别要点】 秆丛生，直立，基部膝曲或倾斜。叶鞘无毛，多短于节间；叶舌膜质，撕裂状，有小纤毛；叶片扁平或多少卷折，先端渐尖。圆锥花序（图 1–77）。

【生物学特性】 种子繁殖，一年生草本。

【分布与危害】 分布于中南各地。为湿润秋熟旱作物和水稻田的恶性杂草。

图 1–77 单 株

## 狗牙根 *Cynodon dactylon* (L.) Pers.

【识别要点】 有地下根茎。茎匍匐地面。叶鞘有脊，鞘口常有柔毛，叶舌短，有纤毛；叶片线形，互生，下部因节间短缩似对生。穗状花序，3～6 枚呈指状簇生于秆顶；小穗灰绿色或带紫色（图 1–78）。

【生物学特性】 多年生草本。以匍匐茎繁殖为主。

图 1–78 单 株

【分布与危害】 分布于黄河流域及以南各地。为果园、农田的主要杂草之一。植株的根茎和茎着土即生根复活，难以防除。

### 芦苇 *Phragmites communis* Trin.

【识别要点】 具粗壮匍匐根状茎，黄白色，节间中空，每节生有一芽，节上生须根。叶鞘圆筒形，无毛或具细毛，叶舌有毛；叶片扁平，光滑或边缘粗糙。圆锥花序顶生（图1–79）。

图1–79　单　株

【生物学特性】 多年生高大草本，根茎粗壮，以种子、根茎繁殖。

【分布与危害】 几乎遍布全国。北方低洼地区农田发生普遍，多生于低湿地或浅水中。

### 白茅 *Imperata cylindrical* (L.) Beauv.var.major (Nees) C.E.Hubb. 茅针、茅根

【识别要点】根茎长，密生鳞片。秆丛生，直立，节有长柔毛。叶鞘老时在基部常破碎成纤维状，无毛，或上部及边缘和稍口有纤毛；叶舌干膜质。圆锥花序圆柱状（图1–80）。

【生物学特性】 多年生草本。多以根状茎繁殖。

图1–80　单　株

【分布与危害】 分布于全国各地，尤其以黄河流域以南各地发生较多。为果园、茶园及耕作粗放农田常见杂草。

## 11.莎 草 科 Cyperaceae

### 香附子 *Cyperus rotundus* L. 莎草

【识别要点】 根状茎细长，顶生椭圆形褐色块茎。秆三棱形，直立。叶基生，比秆短。长侧枝聚伞花序，有 3~6 个开展的辐射枝（图 1–81 至图 1–84）。

【生物学特性】 块茎和种子繁殖，多年生草本。4 月份发芽出苗，6~7 月份抽穗开花，8~10 月份结子、成熟。

【分布与危害】 主要分布于中南、华东、西南热带和亚热带地区，河北、山西、陕西、甘肃等地也有。为秋熟旱作物田杂草。喜生于湿润疏松性土壤上，砂土地发生较为严重。

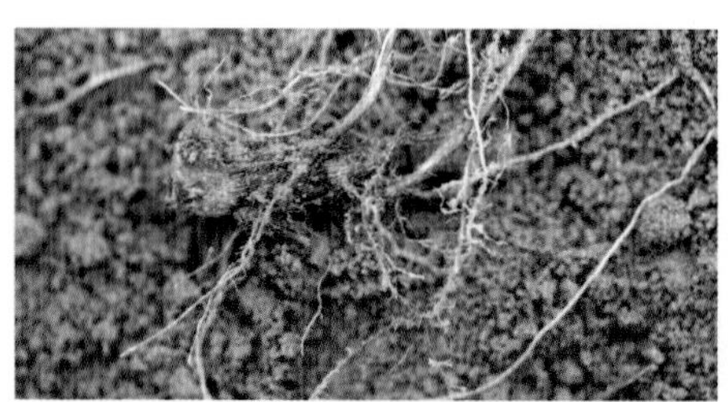

图 1–81 块 茎

图 1–82 穗

图 1–83 幼 苗

图 1–84 单 株

## 12.鸭跖草科 Commelinaceae

### 鸭跖草 *Commelina communis* L. 竹叶草

**【识别要点】** 茎披散，多分枝，基部枝匍匐，节上生根，叶鞘及茎上部被短毛，其余部分无毛。叶互生，披针形至卵状披针形，叶无柄，基部有膜质短叶鞘。总苞片具长柄，与叶对生，心形，稍弯曲，顶端急尖，边缘常有硬毛，边缘对合折叠，基部不相连。花两性，数朵花集成聚伞花序，略伸出苞外；花瓣3，深蓝色，近圆形；雄蕊6枚，3枚退化雄蕊顶端成蝴蝶状（图1−85至1−87）。

**【生物学特性】** 一年生草本。华北地区4～5月份出苗，茎基部匍匐，着土后节易生根，匍匐蔓延迅速。花果期6～10月份。

**【分布与危害】** 分布全国各地。适生于潮湿地或阴湿处，常见于农田、果园，部分地区受害较重。

图1−85 单 株

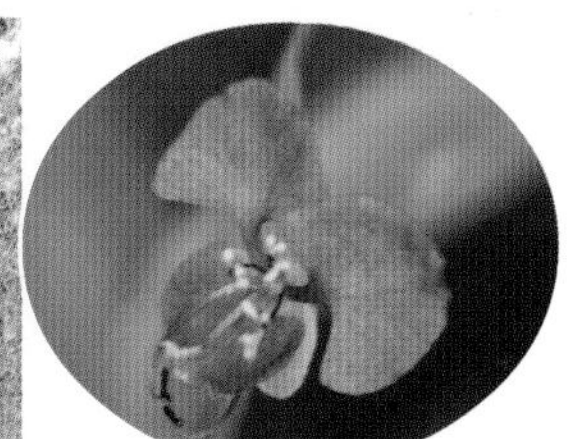

图1−86 花

图1−87 幼 苗

## 13.木贼科 Equisetaceae

### 散生木贼 *Equisetum diffusum* Don

**【识别要点】** 草本，地上茎一型，除基部与近顶部外，均具细而密的轮生分枝，叶鞘状；孢子囊圆柱形（图1–88）。

图1–88 单 株

**【生物学特性】** 多年生杂草；以根状茎或孢子繁殖。

**【分布与危害】** 分布于我国湖南、广西、四川、贵州、云南、西藏等地。

### 问荆 *Equisetum arvense* L. 笔头草、接骨草

**【识别要点】** 草本，地上茎一型，除基部与近顶部外，均具细而密的轮生分枝，叶鞘状；孢子囊圆柱形（图1–89）。

**【生物学特性】** 多年生杂草；以根状茎或孢子繁殖。

**【分布与危害】** 分布于我国湖南、广西、四川、贵州、云南、西藏等地。

图1–89 单 株

## 笔管草 *Equisetum debile* Roxb

图 1–90　单　株

**【形态特征】** 草本，根状茎表面具有硅质突起，粗糙；地上茎一型，黄绿色，坚硬，粗壮，纵棱近平滑，不分枝或具光滑小枝；叶退化成鞘；孢子囊长圆形（图 1–90）。

**【生物学特性】** 多年生草本；根状茎繁殖或孢子繁殖。

**【分布与危害】** 土生，山坡湿地、沼泽、沟边。分布于我国华南、西南、长江中上游各省区。

## 节节草 *Equisetum ramosissimum* Desf.

### 土麻黄、黄麻黄、木贼草

**【识别要点】** 近水草本；根状茎黑色；地上茎一型，灰绿色，细瘦，纵棱具硅质瘤状突起一行，极粗糙，基部分枝；叶鞘状；孢子囊长圆形（图 1–91）。

**【生物学特性】** 多年生，根状茎繁殖或以孢子繁殖。

**【分布与危害】** 土生，喜近水生。广布我国各省区。

图 1–91　单　株

# 第二章　大豆和花生田除草剂应用技术

## 一、大豆和花生田主要除草剂性能比较

### （一）大豆田主要除草剂性能比较

在大豆田登记使用的除草剂单剂约37个(表2–1)。以化学结构来分类，酰胺类有5种、磺酰脲类有2种、二苯醚类有5种、咪唑啉酮类有3种、环已烯酮类有2种、苯氧基芳氧基丙酸类有6种，其他14多种。目前，以乙草胺、异丙甲草胺、精喹禾灵、高效氟吡甲禾灵、乙羧氟草醚、乳氟禾草灵等的使用量较大。大豆田登记的除草剂复配剂种类较多(表2–2)，大豆田主要除草剂的除草谱和除草效果比较(表2–3)。

表2–1　大豆田登记的除草剂单剂

| 序号 | 通用名称 | 制　剂 | 登记参考制剂用量(克、毫升/667米$^2$) |
|---|---|---|---|
| 1 | 乙草胺 | 50%乳油 | 100～150 |
| 2 | 异丙甲草胺 | 720克/升乳油 | 125～150 |
| 3 | 精异丙甲草胺 | 960克/升乳油 | 60～85 |
| 4 | 异丙草胺 | 50%乳油 | 150～200 |
| 5 | 甲草胺 | 48%乳油 | 200～250 |
| 6 | 扑草净 | 50%可湿性粉剂 | 100～150 |
| 7 | 嗪草酮 | 50%可湿性粉剂 | 50～106 |
| 8 | 地乐胺 | 48%乳油 | 150～200 |
| 9 | 氟乐灵 | 48%乳油 | 125～175 |
| 10 | 二甲戊灵 | 45%微胶囊剂 | 110～150 |

续表 2–1

| 序号 | 通用名称 | 制　剂 | 登记参考制剂用量(克、毫升 /667 米²) |
| --- | --- | --- | --- |
| 11 | 噻吩磺隆 | 15% 可湿性粉剂 | 6～12 |
| 12 | 氯嘧磺隆 | 25% 干悬浮剂 | 4～6 |
| 13 | 唑嘧磺草胺 | 80% 水分散粒剂 | 3.75～5 |
| 14 | 咪唑乙烟酸 | 5% 水剂 | 100～135(东北) |
| 15 | 甲氧咪草烟 | 40 克 / 升水剂 | 75～80(东北) |
| 16 | 咪唑喹啉酸 | 5% 水剂 | 150～200 |
| 17 | 乙氧氟草醚 | 24% 乳油 | 40～60 |
| 18 | 乙羧氟草醚 | 10% 乳油 | 40～60 |
| 19 | 氟磺胺草醚 | 25% 乳油 | 67～133 |
| 20 | 乳氟禾草灵 | 240 克 / 升乳油 | 15～30 |
| 21 | 三氟羧草醚 | 21.4% 水剂 | 110～150 |
| 22 | 精喹禾灵 | 10% 乳油 | 30～40 |
| 23 | 精恶唑禾草灵 | 8.05% 乳油 | 40～65 |
| 24 | 高效氟吡甲禾灵 | 10.8% 乳油 | 28～35 |
| 25 | 精吡氟禾草灵 | 150 克 / 升乳油 | 60～80 |
| 26 | 吡氟禾草灵 | 35% 乳油 | 50～100 |
| 27 | 喹禾糠酯 | 40 克 / 升乳油 | 60～80 |
| 28 | 烯 草 酮 | 12% 乳油 | 40～60 |
| 29 | 烯 禾 啶 | 12.5% 机油乳油 | 80～100 |
| 30 | 恶 草 酮 | 250 克 / 升乳油 | 100～150 |
| 31 | 吡喃草酮 | 10% 乳油 | 25～40 |
| 32 | 丙炔氟草胺 | 50% 可湿性粉剂 | 5～8 |
| 33 | 灭 草 松 | 480 克 / 升 | 160～200 |
| 34 | 氟烯草酸 | 10% 乳油 | 30～45 |
| 35 | 丙炔氟草胺 | 50% 可湿性粉剂 | 5～8 |
| 36 | 嗪草酸甲酯 | 5% 乳油 | 8～12 |
| 37 | 异恶草酮 | 480 克 / 升乳油 | 130～166 |

注：表中用量未标明春大豆、夏大豆田用量，施药时务必以产品标签或当地实践用量为准

## 表 2–2　大豆田登记使用的复配除草剂品种

| 序号 | 通用名称 | 制　剂 | 主要成分与配比 | 登记参考制剂用量（克、毫升 /667 米²） |
|---|---|---|---|---|
| 1 | 恶酮 · 乙草胺 | 36% 乳油 | 恶草酮 6%+ 乙草胺 30% | 200～250 |
| 2 | 丁 · 恶草 | 35% 乳油 | 丁草胺 29.5%+ 恶草酮 5.5% | 200～250 |
| 3 | 氧氟 · 乙草胺 | 40% 乳油 | 乙草胺 34%+ 乙氧氟草醚 6% | 100～125 |
| 4 | 丁 · 乙氧氟 | 20% 乳油 | 丁草胺 18%+ 乙氧氟草醚 2% | 100～200 |
| 5 | 噻磺 · 乙草胺 | 50% 可湿性粉剂 | 噻吩磺隆 0.3%+ 乙草胺 49.7% | 80～100 |
| 6 | 氯嘧 · 乙草胺 | 43% 可湿性粉剂 | 氯嘧磺隆 0.5%+ 乙草胺 42.5% | 180～250 |
| 7 | 嗪 · 乙 | 28% 可湿性粉剂 | 嗪草酮 + 乙草胺 | 150～200 |
| 8 | 丁 · 嗪 | 45% 乳油 | 丁草胺 + 嗪草酮 | 150～200 |
| 9 | 扑 · 乙 | 40% 乳油 | 扑草净 10%+ 乙草胺 30% | 200～250 |
| 10 | 精喹 · 乙草胺 | 35% 乳油 | 精喹禾灵 2.5%+ 乙草胺 32.5% | 170～200 |
| 11 | 异松 · 乙草胺 | 80% 乳油 | 乙草胺 60%+ 异恶草松 20% | 140～170 |
| 12 | 氯嘧 · 噻吩 | 70% 干悬浮剂 | 氯嘧磺隆 50%+ 噻吩磺隆 20% | 2～2.5 |
| 13 | 乳禾 · 氟磺胺 | 15% 乳油 | 氟磺胺草醚 11%+ 乳氟禾草灵 4% | 120～150 |
| 14 | 乙羧 · 氟磺胺 | 30% 水剂 | 氟磺胺草醚 25%+ 乙羧氟草醚 5% | 40～60 |
| 15 | 氟羧草 · 灭松 | 40% 水剂 | 三氟羧草醚 6%+ 灭草松 34% | 137.5～150 |
| 16 | 氟胺 · 灭草松 | 44% 水剂 | 氟磺胺草醚 80 克 / 升 + 灭草松 360 克 / 升 | 125～150 |
| 17 | 乳氟 · 喹禾灵 | 10.8% 乳油 | 喹禾灵 6%+ 乳氟禾草灵 4.8% | 50～60 |
| 18 | 精喹 · 乳氟禾 | 11.8% 乳油 | 精喹禾灵 10%+ 乳氟禾草灵 1.8% | 30～40 |
| 19 | 精喹 · 乙羧氟 | 20% 乳油 | 精喹禾灵 8%+ 乙羧氟草醚 12% | 50～60 |
| 20 | 精喹 · 氟磺胺 | 21% 乳油 | 氟磺胺草醚 17.5%+ 精喹禾灵 3.5% | 85～120 |
| 21 | 乙羧 · 高氟吡 | 30% 乳油 | 高效氟吡甲禾灵 10%+ 乙羧氟草醚 20% | 8～13 |
| 22 | 乳氟 · 氟吡甲 | 6% 乳油 | 氟吡甲禾灵 4.25%+ 乳氟禾草灵 1.75% | 60～80 |
| 23 | 氟磺 · 烯草酮 | 24% 乳油 | 氟磺胺草醚 19.2%+ 烯草酮 4.8% | 25～30 |
| 24 | 氟胺 · 烯禾啶 | 31.5% 乳油 | 氟磺胺草醚 14%+ 烯禾啶 17.5% | 70～80 |
| 25 | 氟磺 · 乳 · 精喹 | 20% 乳油 | 氟磺胺草醚 12%+ 精喹禾灵 3.5%+ 乳氟禾草灵 4.5% | 120～140 |
| 26 | 氟 · 嗪 · 烯草酮 | 18% 乳油 | 氟磺胺草醚 10%+ 嗪草酸甲酯 1%+ 烯草酮 7% | 75～100 |
| 27 | 灭 · 喹 · 氟磺胺 | 30% 乳油 | 氟磺胺草醚 20%+ 精喹禾灵 6.5%+ 灭草松 3.5% | 50～100 |
| 28 | 乙 · 嗪 · 滴丁酯 | 78% 乳油 | 2,4– 滴丁酯 20%+ 嗪草酮 5%+ 乙草胺 53% | 130～150 |
| 29 | 扑 · 乙 · 滴丁酯 | 72% 乳油 | 2,4– 滴丁酯 17%+ 扑草净 10%+ 乙草胺 45% | 180～210 |
| 30 | 灭 · 异 · 高氟吡 | 41.6% 乳油 | 高效氟吡甲禾灵 1.6%+ 灭草松 24%+ 异恶草松 16% | 200～240 |
| 31 | 灭松 · 氟磺胺 · 精喹 | 24% 禾乳油 | 氟磺胺草醚 7%+ 精喹禾灵 2%+ 灭草松 15% | 100～130 |
| 32 | 喹 · 草 · 三氟羧 | 32% 乳油 | 三氟羧草醚 9.4%+ 精喹禾灵 3.4%+ 异恶草松 19.2% | 100～150 |
| 33 | 二甲戊 · 咪乙烟 | 34.5% 乳油(重量 / 容量) | 二甲戊灵 32.25%+ 咪唑乙烟酸 2.25% | 166～200 |
| 34 | 氟烯 · 烯草 | 65 克 / 升乳油 | 氟烯草酸 25 克 / 升 + 烯草酮 40 克 / 升 | 110～120 |

注：表中用量未标明春大豆、夏大豆田用量，施药时务必以产品标签或当地实践用量为准

表2–3　大豆田常用除草剂的性能比较

| 除草剂 | 用药量（有效成分，克/667米²） | 除草谱 | | | | | | | | 不良环境下安全性 |
|---|---|---|---|---|---|---|---|---|---|---|
| | | 稗草 | 狗尾草 | 马唐 | 酸模叶蓼 | 反枝苋 | 藜 | 龙葵 | 苘麻 | |
| 异丙甲草胺 | 75～100 | 优 | 优 | 优 | 良 | 优 | 优 | 良 | 差 | 幼苗叶受轻微抑制 |
| 甲草胺 | 100～150 | 优 | 优 | 优 | 良 | 优 | 优 | 良 | 差 | 幼苗叶受轻微抑制 |
| 乙草胺 | 50～150 | 优 | 优 | 优 | 优 | 优 | 优 | 良 | 中 | 幼苗生长抑制 |
| 异丙草胺 | 75～100 | 优 | 优 | 优 | 良 | 优 | 优 | 良 | 差 | 幼苗叶受轻微抑制 |
| 氟乐灵 | 75～100 | 优 | 优 | 优 | 优 | 优 | 优 | 差 | 中 | 根生长受抑制 |
| 地乐胺 | 75～100 | 优 | 优 | 优 | 差 | 优 | 优 | 差 | 差 | 安全 |
| 二甲戊乐灵 | 75～100 | 优 | 优 | 优 | 差 | 优 | 优 | 差 | 差 | 安全 |
| 扑草净 | 35～50 | 中 | 中 | 中 | 优 | 优 | 优 | 优 | 良 | 安全性差，用量略大药害较重 |
| 乙氧氟草醚 | 15～20 | 优 | 优 | 优 | 优 | 优 | 优 | 优 | 优 | 幼苗叶受抑制 |
| 甲羧醚 | ～120 | 良 | 中 | 中 | 中 | 优 | 优 | 优 | 良 | 幼苗叶受抑制 |
| 恶草酮 | 25～30 | 优 | 优 | 优 | 优 | 优 | 优 | 优 | 优 | 安全 |
| 咪唑乙烟酸 | 4～7 | 优 | 优 | 优 | 优 | 优 | 优 | 优 | 优 | 对大豆、后茬安全性差 |
| 甲氧咪草烟 | 2～4 | 优 | 优 | 优 | 优 | 优 | 优 | 优 | 优 | 对大豆、后茬安全性差 |
| 异恶草松 | 20～30 | 优 | 优 | 优 | 优 | 优 | 优 | 优 | 优 | 对后茬安全性差 |
| 利谷隆 | 40～75 | 优 | 优 | 优 | 优 | 优 | 优 | 良 | 优 | 药害较重 |
| 嗪草酮 | 20～40 | 中 | 中 | 中 | 优 | 优 | 优 | 优 | 良 | 安全性差，个别品种药害较重 |
| 氯嘧磺隆 | 0.75～1 | 差 | 差 | 差 | 优 | 优 | 优 | 优 | 优 | 对豆与后茬安全性差 |
| 噻磺隆 | 1～2 | | | | 良 | 优 | 优 | 优 | 优 | 芽前施药比较安全 |
| 唑嘧磺草胺 | 2～4 | | | | 良 | 优 | 优 | 优 | 优 | 芽前施药比较安全 |
| 氟烯草酸 | 3～4 | | | | 优 | 优 | 优 | 优 | 优 | 安全性差 |
| 丙炔氟草胺 | 4～6 | 中 | 中 | 中 | 优 | 优 | 优 | 优 | 优 | 安全 |
| 苯达松 | 50～100 | | | | 优 | 优 | 优 | 优 | 优 | 有斑点性药害 |
| 氟磺胺草醚 | 12～20 | | | | 优 | 优 | 优 | 优 | 优 | 有斑点性药害 |
| 三氟羧草醚 | 12～20 | | | | 优 | 优 | 优 | 优 | 优 | 有斑点性药害 |
| 乳氟禾草灵 | 2～5 | | | | 优 | 优 | 优 | 优 | 优 | 有斑点性药害 |
| 乙羧氟草醚 | 1～2 | | | | 优 | 优 | 优 | 优 | 优 | 有斑点性药害 |
| 精喹禾灵 | 4～6 | 优 | 优 | 优 | | | | | | 安全 |
| 精吡氟禾草灵 | 5～10 | 优 | 优 | 优 | | | | | | 安全 |
| 高效吡氟甲禾灵 | 2～4 | 优 | 优 | 优 | | | | | | 安全 |
| 稀禾定 | 6～12 | 优 | 优 | 优 | | | | | | 安全 |
| 烯草酮 | 2～5 | 优 | 优 | 优 | | | | | | 安全 |

## (三)花生田主要除草剂性能比较

在花生田登记使用的除草剂单剂约28个(表2–4)。以化学结构来分类，酰胺类有4种、磺酰脲类有1种、二苯醚类有5种、三氮

表2–4 花生田登记的除草剂单剂

| 序号 | 通用名称 | 制 剂 | 登记参考制剂用量(克、毫升/667米²) |
|---|---|---|---|
| 1 | 乙草胺 | 50%乳油 | 100～150 |
| 2 | 异丙甲草胺 | 720克/升乳油 | 125～150 |
| 3 | 精异丙甲草胺 | 960克/升乳油 | 45～60 |
| 4 | 甲草胺 | 48%乳油 | 200～250 |
| 5 | 扑草净 | 50%可湿性粉剂 | 100～150 |
| 6 | 地乐胺 | 48%乳油 | 150～200 |
| 7 | 氟乐灵 | 48%乳油 | 100～166 |
| 8 | 二甲戊灵 | 45%微胶囊剂 | 110～150 |
| 9 | 噻吩磺隆 | 15%可湿性粉剂 | 8～12 |
| 10 | 甲咪唑烟酸 | 240克/升水剂 | 20～30 |
| 11 | 咪唑乙烟酸 | 5%水剂 | 80～100(东北) |
| 12 | 乙氧氟草醚 | 24%乳油 | 40～60 |
| 13 | 乙羧氟草醚 | 10%乳油 | 30～50 |
| 14 | 氟磺胺草醚 | 25%乳油 | 30～40 |
| 15 | 乳氟禾草灵 | 240克/升乳油 | 15～30 |
| 16 | 三氟羧草醚 | 21%水剂 | 70～85 |
| 17 | 精喹禾灵 | 10%乳油 | 30～40 |
| 18 | 精恶唑禾草灵 | 8.05%乳油 | 40～65 |
| 19 | 高效氟吡甲禾灵 | 10.8%乳油 | 28～35 |
| 20 | 精吡氟禾草灵 | 150克/升乳油 | 50～66 |
| 21 | 吡氟禾草灵 | 35%乳油 | 50～100 |
| 22 | 烯草酮 | 12%乳油 | 35～40 |
| 23 | 烯禾啶 | 12.5%机油乳油 | 80～100 |
| 24 | 恶草酮 | 250克/升乳油 | 100～150 |
| 25 | 哒草特 | 45%乳油 | 133～200 |
| 26 | 丙炔氟草胺 | 50%可湿性粉剂 | 5～8 |
| 27 | 灭草松 | 480克/升480克/升 | 133～200 |
| 28 | 莎稗磷 | 30%乳油 | 100～150 |

注：表中用量未标明春花生、夏花生田用量，施药时务必以产品标签或当地实践用量为准

苯类有2种、环已烯酮类有2种、苯氧基芳氧基丙酸类有5种，其他9种。目前，以乙草胺、异丙甲草胺、精喹禾灵、高效氟吡甲禾灵、乙羧氟草醚、乳氟禾草灵等的使用量较大。花生田登记的除草剂复配剂种类较多(表2–5)，花生田主要除草剂的除草谱和除草效果比较见表2–6。

**表2–5　花生田登记使用的复配除草剂品种**

| 序号 | 通用名称 | 制　剂 | 主要成分与配比 | 登记参考制剂用量（克、毫升/667米$^2$） |
|---|---|---|---|---|
| 1 | 恶酮·乙草胺 | 36%乳油 | 恶草酮6%+乙草胺30% | 150～200 |
| 2 | 丁·恶草 | 35%乳油 | 丁草胺29.5%+恶草酮5.5% | 200～250 |
| 3 | 氧氟·乙草胺 | 40%乳油 | 乙草胺34%+乙氧氟草醚6% | 100～125 |
| 4 | 丁·乙氧氟 | 20%乳油 | 丁草胺18%+乙氧氟草醚2% | 100～200 |
| 5 | 噻磺·乙草胺 | 50%可湿性粉剂 | 噻吩磺隆0.3%+乙草胺49.7% | 80～100 |
| 6 | 扑·乙 | 40%乳油 | 扑草净10%+乙草胺30% | 200～250 |
| 7 | 异甲·特丁净 | 50%乳油 | 异丙甲草胺33%+特丁净17% | 200～300 |
| 8 | 氟胺·灭草松 | 30%水剂 | 氟磺胺草醚10%+灭草松20% | 160～200 |
| 9 | 乳氟·喹禾灵 | 10.8%乳油 | 喹禾灵6%+乳氟禾草灵4.8% | 50～60 |
| 10 | 精喹·乳氟禾 | 11.8%乳油 | 精喹禾灵10%+乳氟禾草灵1.8% | 30～40 |
| 11 | 精喹·乙羧氟 | 15%乳油 | 精喹禾灵5%+乙羧氟草醚10% | 50～60 |
| 12 | 精喹·氟磺胺 | 15%乳油 | 氟磺胺草醚12%+精喹禾灵3% | 100～140 |
| 13 | 乙羧·高氟吡 | 30%乳油 | 高效氟吡甲禾灵10%+乙羧氟草醚20% | 8～13 |
| 14 | 乳氟·氟吡甲 | 6%乳油 | 氟吡甲禾灵4.25%+乳氟禾草灵1.75% | 60～80 |
| 15 | 灭·喹·氟磺胺 | 30%乳油 | 氟磺胺草醚20%+精喹禾灵6.5%+灭草松3.5% | 11～15 |

注：表中用量未标明春花生、夏花生田用量，施药时务必以产品标签或当地实践用量为准

表 2–6　花生田常用除草剂的性能比较

| 除草剂 | 用药量（有效成分，克 /667 米²） | 除草谱 | | | | | | | | 不良环境下安全性 |
|---|---|---|---|---|---|---|---|---|---|---|
| | | 稗草 | 狗尾草 | 马唐 | 酸模叶蓼 | 反枝苋 | 藜 | 龙葵 | 苘麻 | |
| 异丙甲草胺 | 75～100 | 优 | 优 | 优 | 良 | 优 | 优 | 良 | 差 | 幼苗叶受轻微抑制 |
| 甲草胺 | 100～150 | 优 | 优 | 优 | 良 | 优 | 优 | 良 | 差 | 幼苗叶受轻微抑制 |
| 乙草胺 | 50～150 | 优 | 优 | 优 | 优 | 优 | 优 | 良 | 中 | 幼苗生长抑制 |
| 异丙草胺 | 75～100 | 优 | 优 | 优 | 良 | 优 | 优 | 良 | 差 | 幼苗叶受轻微抑制 |
| 氟乐灵 | 75～100 | 优 | 优 | 优 | 优 | 优 | 优 | 差 | 中 | 根生长受抑制 |
| 地乐胺 | 75～100 | 优 | 优 | 优 | 差 | 优 | 优 | 差 | 差 | 安全 |
| 二甲戊乐灵 | 75～100 | 优 | 优 | 优 | 差 | 优 | 优 | 差 | 差 | 安全 |
| 扑草净 | 35～50 | 中 | 中 | 中 | 优 | 优 | 优 | 优 | 良 | 安全性差，用量略大药害较重 |
| 乙氧氟草醚 | 15～20 | 优 | 优 | 优 | 优 | 优 | 优 | 优 | 优 | 幼苗叶受抑制 |
| 恶草酮 | 25～30 | 优 | 优 | 优 | 优 | 优 | 优 | 优 | 优 | 安全 |
| 甲咪唑烟酸 | 5～8 | 优 | 优 | 优 | 优 | 优 | 优 | 优 | 优 | 对后茬安全性差 |
| 噻磺隆 | 1～2 | | | | 良 | 优 | 优 | 优 | 优 | 芽前施药比较安全 |
| 苯达松 | 50～100 | | | | 优 | 优 | 优 | 优 | 优 | 有斑点性药害 |
| 氟磺胺草醚 | 12～20 | | | | 优 | 优 | 优 | 优 | 优 | 有斑点性药害 |
| 三氟羧草醚 | 12～20 | | | | 优 | 优 | 优 | 优 | 优 | 有斑点性药害 |
| 乳氟禾草灵 | 2～5 | | | | 优 | 优 | 优 | 优 | 优 | 有斑点性药害 |
| 乙羧氟草醚 | 1～2 | | | | 优 | 优 | 优 | 优 | 优 | 有斑点性药害 |
| 精喹禾灵 | 4～6 | 优 | 优 | 优 | | | | | | 安全 |
| 精吡氟禾草灵 | 5～10 | 优 | 优 | 优 | | | | | | 安全 |
| 高效氟吡甲禾灵 | 2～4 | 优 | 优 | 优 | | | | | | 安全 |
| 稀禾定 | 6～12 | 优 | 优 | 优 | | | | | | 安全 |
| 烯草酮 | 2～5 | 优 | 优 | 优 | | | | | | 安全 |

## 二、大豆和花生田酰胺类除草剂应用技术

酰胺类除草剂是大豆和花生田最为重要的除草剂，常用的品种有乙草胺、异丙甲草胺、异丙草胺、丁草胺、甲草胺等。

## （一）大豆和花生田常用酰胺类除草剂的特点

①防治一年生禾本科杂草的特效除草剂，对阔叶杂草的防效较差。②抑制种子发芽和幼芽生长而最终死亡，应在大豆和花生播后芽前或大豆和花生生长期、杂草发芽前施药，用于防治一年生杂草幼芽。③除草效果受墒情、土壤特性影响较大。④在土壤中的持效期中等，一般为1～2个月。⑤耐雨水性能较强，阳光高温下易挥发。

## （二）大豆和花生田酰胺类除草剂的防治对象

酰胺类除草剂是土壤封闭处理剂，抑制种子发芽和幼芽生长，使幼芽严重矮化而最终死亡(如图2–1和图2–2)。酰胺类除草剂可以有效防治马唐、狗尾草、牛筋草、稗草、画眉草等一年生禾本科杂草的特效除草剂；对苘麻、小藜、反枝苋等阔叶杂草的防效较差，对马齿苋、铁苋效果很差；对多年生杂草无效。

图2–1　乙草胺芽前施药防治狗尾草的受害死亡症

图 2–2　乙草胺芽前施药防治马唐的受害死亡症状表现过程

### （三）大豆和花生田酰胺类除草剂的药害与安全应用

酰胺类除草剂主要抑制根与幼芽生长，造成幼苗矮化与畸形，株整体生长发育缓慢，植株矮小、发育畸型；大豆叶尖或中脉发育受阻，叶片中脉变短，叶片皱缩、粗糙，产生心脏形叶，如大豆“鸡心叶”、“绳形叶”，心叶变黄，叶缘生长受抑制，出现杯状叶，常发生叶色暗绿；花生叶片变小，出现白色坏死斑；苗期施药，会产生药斑，对植物生长产生不同程度的抑制作用；一般情况下药害可以恢复生长，重者可致生长受阻、减产、甚至死亡。症状见图 2–3 至图 2–13。

图 2–3　在大豆播后芽前，遇持续低温高湿条件，施用乙草胺的药害症状　大豆出苗缓慢，苗后大豆新叶畸形皱缩，发育缓慢

图 2-4　在大豆播后芽前，异丙甲草胺施用不当的典型药害症状

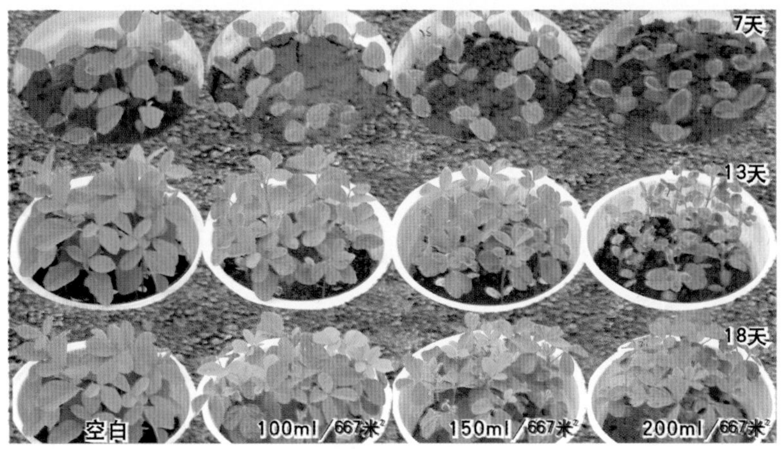


图 2-5　在大豆播后芽前，在高湿条件下施用 50% 异丙草胺乳油的药害症状　处理 7 天后，大豆出苗慢，大豆新叶畸形皱缩、发育缓慢，明显低于空白对照。处理 13 天后，随着生长大豆长势逐渐恢复，而高剂量处理的大豆新叶畸形皱缩、发育缓慢，明显低于空白对照。处理 18 天后，随着生长大豆长势逐渐恢复，一般情况下对大豆生长不会造成严重的影响，而个别受害较重的大豆可能萎缩死亡

图 2-6　在花生播后芽前，高湿条件下过量施用 50% 乙草胺乳油后的药害症状　施药处理花生矮小、长势明显差于空白对照、14 天后的药害症状随着生长花生长势逐渐恢复，但与空白对照相比施药处理花生较矮

图 2–7　在花生播后芽前，持续低温高湿条件下，施用 50% 乙草胺乳油 8 天后的药害症状　花生茎基部肿胀、茎叶和根系发育受阻

图 2–8　在花生播后芽前，高湿低温条件下，施用 50% 乙草胺乳油 12 天后的药害症状　花生茎叶畸形、根系较弱、发育缓慢

图2–9　在大豆生长期，茎叶喷施72%异丙草胺乳油400毫升/667米$^2$12天后的药害症状　施药处理12天后，药害重的部分叶片枯死、心叶皱缩，对大豆生长影响严重，长势明显差于空白对照

图2–10　在花生生长期，遇高温高湿、晴天中午，茎叶过量喷施50%乙草胺乳油400毫升/667米$^2$ 3天后的药害症状　受害花生叶片上有红褐色斑点，重者心叶黄化、叶片向里卷曲

图2-11　在花生生长期，遇高温高湿、晴天中午，茎叶过量喷施50%乙草胺乳油400毫升/667米² 8天后的药害症状　受害花生下部叶片上有红褐色斑点，发出的新叶生长正常，一般情况下对花生生长没有影响

2-12　在大豆生长期，遇高温干旱或晴天上午，茎叶喷施50%异丙草胺乳油的药害症状　施药处理后2天即有症状表现，大豆叶片出现黄褐斑，药害轻时，仅个别叶片出现黄褐色斑，对大豆影响不大；药害重时，大量叶片和心叶受害，叶片大面积枯黄、枯死，心叶黄萎皱缩，严重影响大豆的生长

图2-13　在大豆生长期，遇高温干旱或晴天上午，茎叶喷施50%异丙草胺乳油的药害症状　施药处理12天后，药害轻时大豆发出新叶，老叶还有部分黄褐斑；药害重时，大豆叶片枯死、心叶皱缩，生长受到抑制

### (四)大豆和花生田酰胺类除草剂的应用方法

酰胺类除草剂中大多数品种都是防治一年生禾本科杂草的特效除草剂，而对阔叶杂草次之，对多年生杂草的防效很差。是优秀的土壤封闭处理剂，必须掌握在杂草发芽出苗前施药。

除草效果受墒情影响较大，墒情好除草效果好，墒情差时除草效果差。除草效果和用量均与土壤特性、特别是有机质含量及土壤质地有密切关系；黏土地、有机质含量较高地块要适当加大药量。施药后如遇持续低温、瀑雨及土壤高湿，对作物易于产生药害，表现为叶片扭曲、生长缓慢，随着温度的升高，便逐步恢复正常。苗期施药应在天气正常、花生生长良好的下午施药，天气高温干旱正午时施药易于发生药害。该类药剂耐雨水性能较强，但阳光高温下易挥发。各种药剂用法与用量见表2–7。

表2–7 大豆和花生田酰胺类除草剂品种与应用方法

| 品种与剂型 | 播后芽前(毫升/667米$^2$) | 花生苗期(毫升/667米$^2$) |
|---|---|---|
| 50%乙草胺乳油 | 100～200 | 100～120 |
| 72%异丙甲草胺乳油 | 150～250 | 150～200 |
| 50%异丙草胺乳油 | 150～250 | 150～200 |
| 60%丁草胺乳油 | 200～300 | 150～200 |
| 48%甲草胺乳油 | 150～250 | 150～200 |

## 三、大豆和花生田磺酰脲类、磺酰胺类和咪唑啉酮类除草剂应用技术

磺酰脲类、磺酰胺类和咪唑啉酮类除草剂具有相似的除草特点，是大豆和花生田重要的除草剂，常用的品种大豆田有氯嘧磺隆、噻吩磺隆、唑嘧磺草胺、咪唑乙烟酸、甲氧咪草烟，花生田有

噻吩磺隆、甲咪唑烟酸等。

### （一）大豆和花生田常用磺酰脲类等除草剂的特点

①活性极高，杀草谱广。②选择性强，每个品种均有相应的适用时期和除草谱，正确施药情况下对作物安全、对杂草高效。③使用方便，该类药剂可以为杂草的根、茎、叶吸收，既可以土壤处理，也可以进行茎叶处理。④对植物的主要作用靶标是乙酰乳酸合成酶。植物受害后生长点坏死、叶脉失绿、植物生长严重受抑制、矮化、最终全株枯死。⑤易于被雨水淋溶而影响除草效果。

### （二）大豆和花生田磺酰脲类等除草剂的防治对象

氯嘧磺隆、咪唑乙烟酸、甲氧咪草烟、甲咪唑烟酸可以防除一年生禾本科杂草和阔叶杂草，对稗草、马唐、狗尾草、牛筋草、反枝苋、野燕麦、小藜等效果突出，对铁苋、马齿苋、苘麻等也有较好的防治效果，对龙葵、鸭跖草、地肤、鼬瓣花和多年生杂草效果较差，咪唑乙烟酸、甲氧咪草烟、甲咪唑烟酸对香附子也有较好的防治效果。

噻吩磺隆、唑嘧磺草胺可以防除一年生阔叶杂草，对反枝苋、绿苋、藜、小藜等效果突出，对铁苋、马齿苋、苘麻等也有较好的防治效果，对龙葵、鸭跖草、地肤、鼬瓣花和多年生阔叶杂草效果较差。

磺酰脲类除草剂可以快速抑制敏感性杂草的生长，在它的影响下，一些植物产生偏上性生长，幼嫩组织失绿，有时显现紫色或花青素色，生长点坏死、叶脉失绿、植物生长严重受抑制、矮化、最终全株枯死(如图 2–14 至图 2–23)。

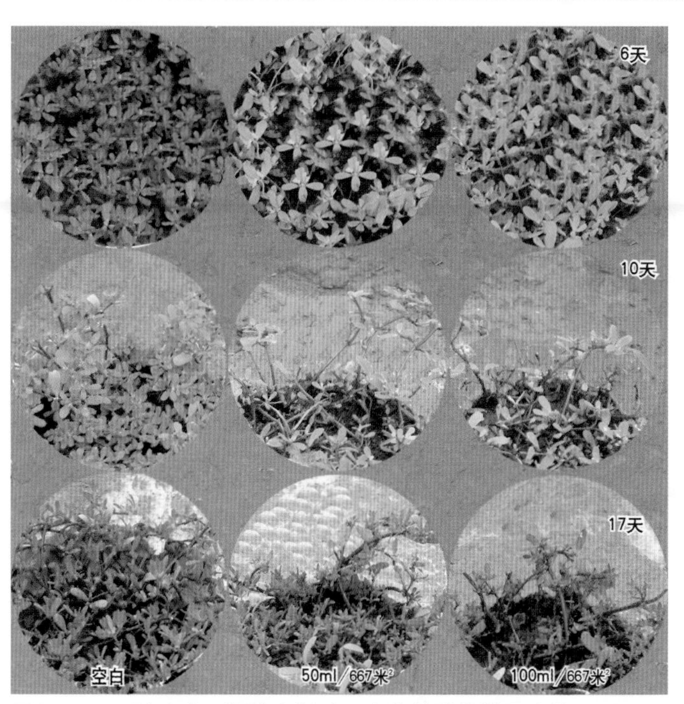


图2-14　5%咪唑乙烟酸水剂对马齿苋的防治效果比较　防效较好，施药后6～10天表现出中毒症状，叶色黄化，生长受到抑制

图2-15　5%咪唑乙烟酸水剂对稗草的防治效果比较　施药后4～7天稗草叶色变红、变紫，以后生长受到抑制，完全死亡所需时间较长

图2-16　5%咪唑乙烟酸水剂对马唐的防治效果比较　防效较好，施药后4天马唐生长停止，叶色变红、变紫，以后生长受到抑制，逐渐死亡

图2-17　15%噻磺隆可湿性粉剂不同剂量防治藜的效果和中毒死亡症状比较　噻磺隆对藜效果突出，施药后第6天生长受到明显抑制，部分叶片开始枯萎死亡，1～2周后基本上彻底死亡

图 2–18　24% 甲咪唑烟酸水剂防治狗尾草 6 天后的防治效果比较　防效较好，茎叶施药后 5～8 天生长停止，叶色变红、变紫，以后生长受到抑制，但完全死亡所需时间较长

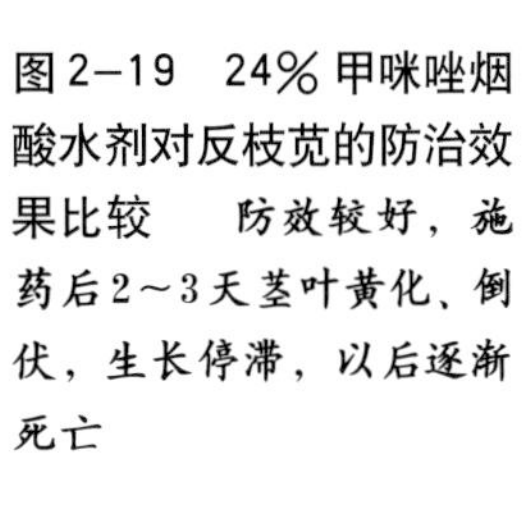

图 2–19　24% 甲咪唑烟酸水剂对反枝苋的防治效果比较　防效较好，施药后 2～3 天茎叶黄化、倒伏，生长停滞，以后逐渐死亡

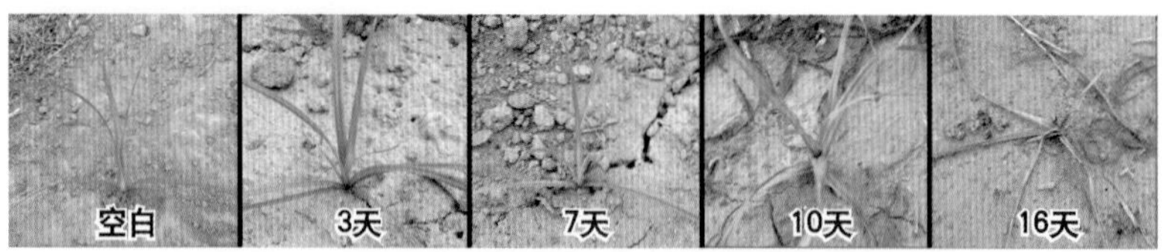


图2-20　24%甲咪唑烟酸水剂生长期施药对香附子的防治效果比较　防效较好，5～7天心叶黄化，生长停滞，以后逐渐死亡

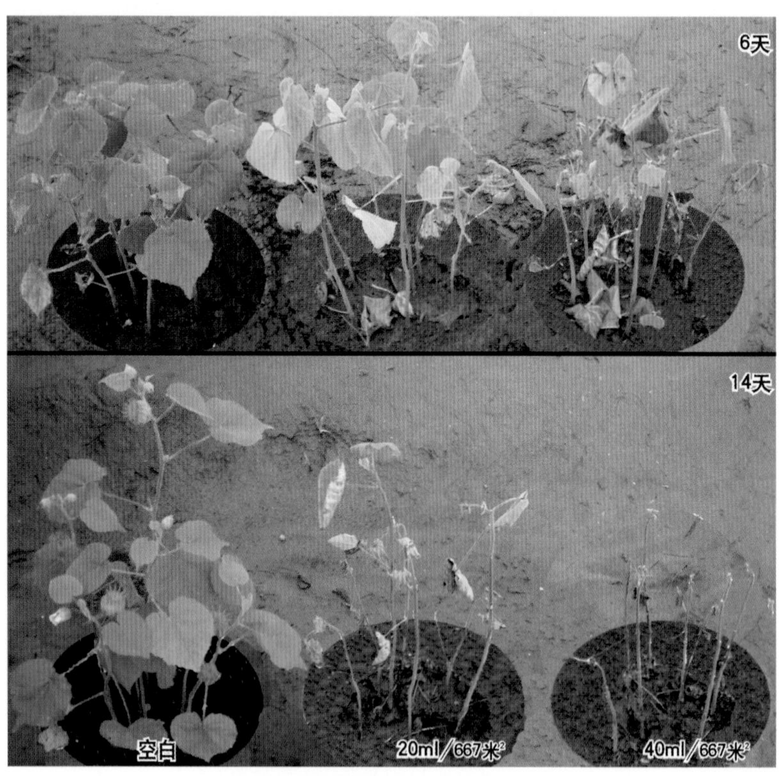


图2-21　24%甲咪唑烟酸水剂对苘麻的防治效果比较　防效较好，施药后5～6天茎叶黄化、矮化，生长停滞，以后逐渐死亡

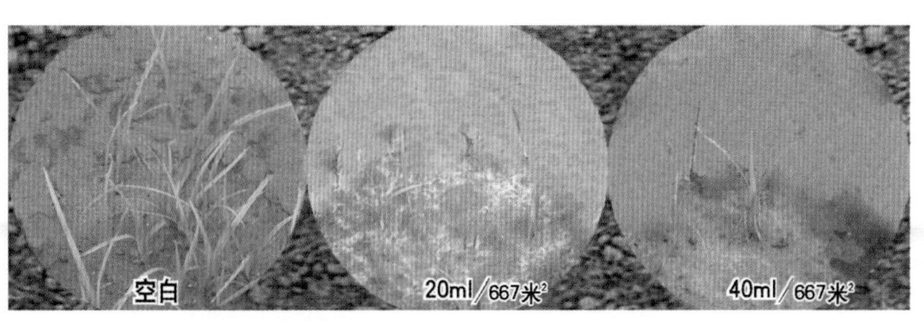


图2-22　24%甲咪唑烟酸水剂芽前施药对香附子的防治效果比较　防效较好，香附子出苗后生长停滞，逐渐死亡

图2-23　24%甲咪唑烟酸水剂生长期施药对香附子的防治效果比较　防效较好，低剂量下可以有效地抑制生长，高剂量下可以使地下根茎腐烂，根治香附子的危害

## （三）大豆和花生田磺酰脲类等除草剂的药害与安全应用

大豆田常用的品种有氯嘧磺隆、噻吩磺隆、唑嘧磺草胺、咪唑乙烟酸、甲氧咪草烟，花生田品种有噻吩磺隆、甲咪唑烟酸等。对

大豆和花生相对安全，但施用不当也会发生药害。该类药活性高、选择性强，应用时应严格应用剂量和施药适期，喷施要均匀，否则易于产生药害；

磺酰脲类除草剂对大豆和花生产生的药害症状主要是抑制根和茎生长点生长、减少根数量，影响大豆和花生的正常生长发育，重者可致死亡。药害持续时期较长，甚至到作物收获时才表现出对产量和品质的影响。症状见图 2-24 至图 2-40。

图2-24 大豆播后芽前，过量喷施15％噻磺隆可湿性粉剂 9 天的药害症状 大豆正常出苗，但苗后生长受到抑制，叶片发黄，心叶黄化

图2-25 在大豆播后芽前，过量喷施15％噻磺隆可湿性粉剂19天的药害症状 大豆生长受到抑制，低剂量下对生长影响较小，高剂量下对生长有一定的抑制作用，重者会逐渐死

图 2-26　在大豆生长期，叶面喷施 15% 噻磺隆可湿性粉剂 10 天的药害症状　大豆心叶黄化，生长受到严重抑制

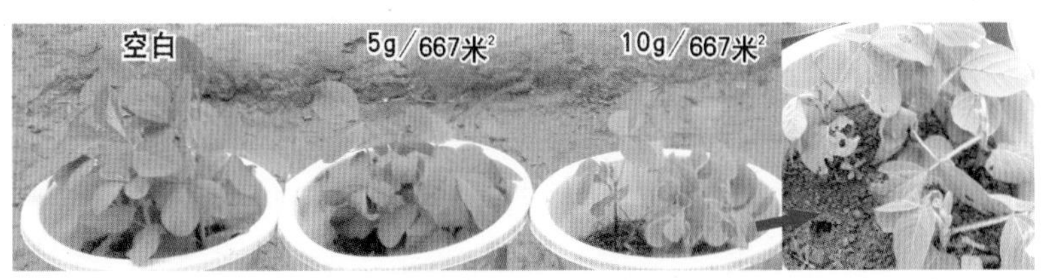


图 2-27　在大豆生长期，叶面喷施 15% 噻磺隆可湿性粉剂的药害症状　受害后大豆心叶黄化，叶脉发红，生长受到严重抑制

图 2-28　在大豆播后芽前，遇持续低温高湿条件，喷施 10% 氯嘧磺隆可湿性粉剂 19 天的药害症状　大豆可以出苗，但苗后生长受到抑制，叶片发黄，心叶发育畸形，新生叶片呈现各种长条状，叶片皱缩，植株矮化，重者会逐渐死亡

图2-29　在大豆播后芽前，过量喷施10%氯嘧磺隆可湿性粉剂的药害症状　大豆可以出苗，但苗后生长受到抑制，叶片发黄，心叶黄化，根系老化变黑，生长受到抑制，叶脉发红，重者甚至死亡

图2-30　在大豆播后芽前，遇持续低温高湿条件，喷施10%氯嘧磺隆可湿性粉剂15克/667米²19天的典型药害症状　大豆叶片发黄，心叶发育畸形，有时多分枝，新生叶片细长，根系变褐色，根毛较少，生长缓慢

图2-31　在大豆生长期，叶面喷施80%唑嘧磺草胺水分散粒剂后的药害症状
施药后生长缓慢，心叶黄化，叶脉发红、发紫、矮缩

图2-32　在大豆生长期，叶面喷施80%唑嘧磺草胺水分散粒剂4克/667米²6天后的药害症状
施药后心叶黄化、萎缩，叶脉发红

图2–33 大豆播后芽前，在正常播种温度条件下，过量喷施5%咪唑乙烟酸水剂18天后的药害症状 大豆基本出苗，部分叶片黄化，长势差于空白对照，但一般生长会逐渐恢复

图2–34 大豆播后芽前，在温度较高的条件下，喷施5%咪唑乙烟酸水剂19天后的药害症状 大豆出苗稀疏，植株矮小，心叶萎黄，长势明显差于空白对照

图2–35 在花生播后芽前，喷施噻磺隆的典型药害症状 随着生长，低剂量下花生生长可能受暂时抑制，慢慢恢复生长；高剂量下心叶缓慢死亡

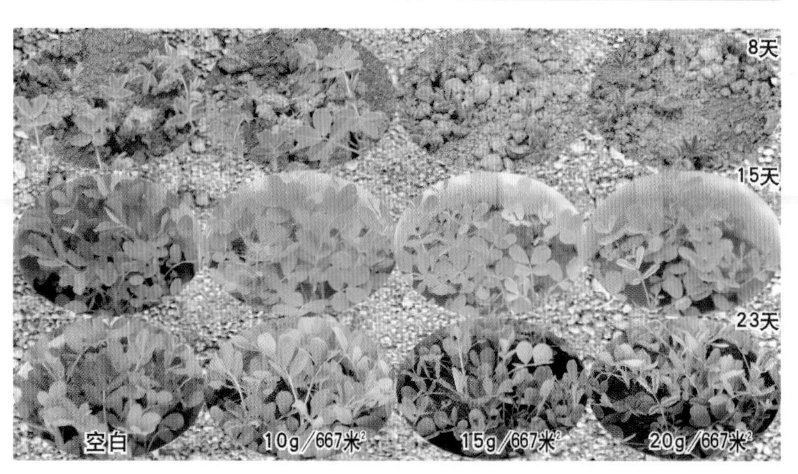


图 2–36 在花生播后芽前，喷施 15% 噻磺隆可湿性粉剂的药害症状 花生可以正常出苗，但苗后生长受到抑制，叶片发黄，心叶黄化，高剂量区花生的生长受到严重抑制

图 2–37 在花生生长期，叶面喷施 15% 噻磺隆可湿性粉剂 11 天后的药害症状 花生心叶黄化，生长受到严重抑制，长势明显弱于空白对照，重者缓慢死亡

图 2–38 在花生生长期，叶面喷施 24% 甲咪唑烟酸水剂 60 毫升 /667 米$^2$ 后的药害症状 施药 5～7 天叶色发黄，心叶出现皱缩、黄化条纹，生长受到暂时抑制，10～12 天会逐渐恢复生长

图2–39　在花生生长期，叶面喷施24%甲咪唑烟酸水剂后的药害症状　甲咪唑烟酸对花生比较安全，高剂量下施药5～7天叶色发黄，生长受到暂时抑制，以后会逐渐恢复生长

图2–40　在花生播后芽前，模仿残留用药，喷施5%咪唑乙烟酸水剂26天后的药害症状　受害植株矮小，根系发黑坏死，心叶萎黄，长势明显差于空白对照，缓慢死亡

### （四）大豆和花生田磺酰脲类等除草剂的应用方法

磺酰脲类、磺酰胺类和咪唑啉酮类除草剂具有较高的选择性，每个品种均有较为明确的施药适期和除草谱，施药时必须严格选择，施用不当会产生严重的药害、达不到理想的除草效果。氯嘧磺隆、噻吩磺隆、唑嘧磺草胺必须在大豆播后芽前施用，剂量过大或生长期施用易于发生药害；咪唑乙烟酸、甲氧咪草烟应在大豆生长良好适量施用。噻吩磺隆必须在花生播后芽前施用，剂量过大或生长期施用易于发生药害；甲咪唑烟酸应在花生生长良好适量施用，高温干旱时施用花生易于发生严重的药害。选择无风晴天施药；施药时注意不要飘移到周围其他 3 作物田。施药时墒情好，除草效果突出。施药后 2～5 天内遇中到大雨可能会影响除草效果，部分杂草会出现复发的现象。常用品种用法与用量见表 2–8 和表 2–9。

表 2–8　大豆田磺酰脲类等除草剂品种与应用方法

| 品种与剂型 | 播后芽前(克、毫升 /667 米$^2$) | 苗期(克、毫升 /667 米$^2$) |
| --- | --- | --- |
| 15% 噻磺隆可湿性粉剂 | 8～10 | |
| 10% 氯嘧磺隆可湿性粉剂 | 10～20 | 75～100 |
| 80% 唑嘧磺草胺水分散粒剂 | 3～4 | 60～80 |
| 5% 咪唑乙烟酸水剂 | 80～120 | |
| 4% 甲氧咪草烟水剂 | 60～100 | |

表 2–9　花生田磺酰脲类等除草剂品种与应用方法

| 品种与剂型 | 播后芽前(克、毫升 /667 米$^2$) | 苗期(克、毫升 /667 米$^2$) |
| --- | --- | --- |
| 15% 噻磺隆可湿性粉剂 | 8～10 | |
| 24% 甲氧咪草烟水剂 | 20～40 | 20～30 |

## 四、大豆和花生田二苯醚类除草剂应用技术

二苯醚类除草剂是大豆和花生田重要的除草剂，常用的品种有乙氧氟草醚、三氟羧草醚、乳氟禾草灵、甲羧除草醚、氟磺胺草醚、

乙羧氟草醚。

## （一）大豆和花生田二苯醚类除草剂的特点

①乙氧氟草醚、甲羧除草醚是土壤封闭处理剂，土壤封闭处理剂主要防治一年生杂草幼芽，而且防治阔叶杂草的效果优于禾本科杂草，应在杂草萌芽前施用，水溶度低，被土壤胶体强烈吸附，故淋溶性小，在土壤中不易移动，持效期中等；其他品种为茎叶处理剂，可以有效防除多种一年生和多年生阔叶杂草，但对多年生阔叶杂草仅能杀死杂草的地上部分，施入土壤中无效。②作用靶标主要是植物体内的原卟啉原氧化酶。此种酶与植物细胞内的线粒体及叶绿体膜缔合，催化原卟啉原IX氧化为血红素与叶绿素生物合成中的最后一种中间产物原卟啉IX。由于原卟啉原氧化酶受抑制，造成原卟啉原IX积累，在光和分子氧存在的条件下，原卟啉原IX产生单态氧，使脂膜过氧化，最终造成细胞死亡。二苯醚除草剂对植物主要起触杀作用，受害植物产生坏死褐斑，特别是对幼龄分生组织的毒害作用较大。生产应用时防除低龄杂草效果好，施药时应喷施均匀。③对作物易于发生药害，但这种药害系触杀性药害，一般经5～10日即可恢复正常，不会造成作物减产。

## （二）大豆和花生田二苯醚类除草剂的防治对象

乙氧氟草醚播后芽前施药可以防除一年生禾本科杂草和阔叶杂草，对马唐、狗尾草、牛筋草、藜、马齿苋、反枝苋、铁苋、青葙、龙葵、异型莎草、莎米莎草、陌上菜等效果突出，对稗草、苍耳、鸭跖草、地肤、鼬瓣花和多年生杂草效果较差。

三氟羧草醚、乳氟禾草灵、氟磺胺草醚、乙羧氟草醚可以防除多种阔叶杂草，对马齿苋、苘麻、龙葵、卷茎蓼、反枝苋等效果突出；对铁苋、2叶期前苍耳、3叶期前鸭跖草、藜也有较好的防治效果；也能杀死多年生阔叶杂草和莎草科杂草的地上部分，三氟羧草醚、氟磺胺草醚对一年生禾本科杂草也有一定的防治效果。

虽然植物各部位都能吸收二苯醚除草剂，但接触药剂部位不同，其表现出的药效差异很大。对于二苯醚类中的土壤处理剂，杂草幼芽接触药剂时，受害最重，而种子及根部吸收药剂时，除草效果较小。二苯醚类除草剂中的一些茎叶处理剂，主要通过触杀作用，受害植物叶片产生坏死斑、而最后死亡，作用迅速(图 2–41 至图 2–47)。

图 2–41　在马唐芽前施用乙氧氟草醚后中毒死亡过程　**马唐苗后出土的过程中接触到药剂，见光后逐渐失绿、枯黄死亡**

图2-42 在杂草芽前，喷施乙氧氟草醚后的死草特征比较 杂草幼苗叶片斑状枯死，施药均匀时死草彻底；施药不匀时，个别心叶未死的杂草容易复活

图2-43 生长期喷施24%乳氟禾草灵乳油后香附子的中毒症状 香附子叶片大量干枯死亡，但以后未死心叶又会复发，香附子生长受到一定的抑制

图 2-44　在生长期喷施 24% 三氟羧草醚水剂 6 天后对禾本科杂草的除草活性比较　对禾本科杂草均表现出较差的除草效果，部分叶片干枯死亡，生长受到一定程度的抑制

图2-45　在生长期喷施24%三氟羧草醚水剂对阔叶杂草的除草活性比较　对阔叶杂草均表现出较好的除草效果，叶片干枯死亡，对马齿苋的防治效果最为突出，对苘麻和反枝苋的效果次之

图 2–46　生长期喷施 25% 氟磺胺草醚水剂反枝苋的中毒症状表现与恢复过程比较　施用后 1～2 天叶片即失绿、枯黄，2～3 天反枝苋叶片大量干枯死亡，但以后未死心叶和嫩枝又会长出新叶

图 2–47 生长期喷施 24% 乳氟禾草灵乳油 20 毫升 /667 米$^2$ 香附子的中毒表现过程 施用后香附子叶片大量干枯死亡，但以后未死心叶又会复发

## （三）大豆和花生田二苯醚类除草剂的药害与安全应用

该类除草剂对作物的安全性较差，主要起触杀作用，受害植物的典型药害症状是产生坏死斑，特别是对幼嫩分生组织的毒害作用最大。药害速度迅速，芽前施用的除草剂在作的物出苗后会出现药害；茎叶喷施除草剂施药后几个小时就出现药害症状。药害症状初为水浸状、后呈现褐色坏死斑、而后叶片出现红褐色坏死斑，逐渐连片后死亡。未伤生长点的植物，经几周后会恢复生长，但长势受到不同程度的抑制。药害症状见图 2–48 至图 2–56。

图 2-48　在大豆播后芽前，喷施 24% 乙氧氟草醚乳油 60 毫升 /667 米² 后的药害表现过程　大豆苗后心叶畸形，叶片上有黄褐斑。但随着生长大豆又会逐渐发出新叶，生长逐渐恢复

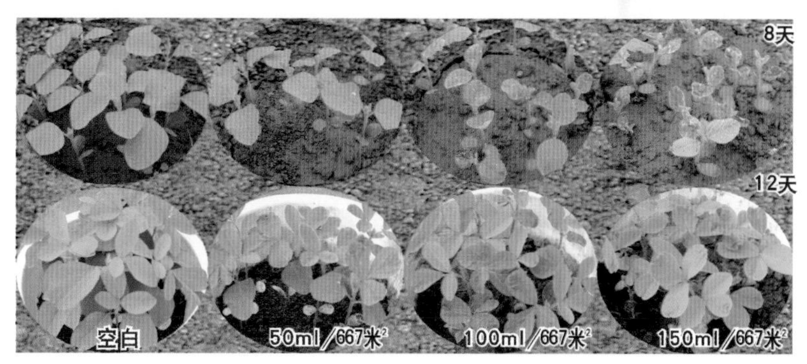


图 2-49　在大豆播后芽前，喷施 24% 乙氧氟草醚乳油的药害症状　大豆出苗稀疏，心叶畸形，叶片上有黄褐斑。随着生长大豆会有较大恢复，但较空白对照相对矮小。药害较轻时，对大豆影响不大

图 2–50 乙氧氟草醚对花生的药害症状

图 2–51 在花生播后芽前，遇高湿条件喷施 24% 乙氧氟草醚乳油的药害症状

花生苗后出现药害斑点，对生长基本没有影响；高剂量下大量叶片枯死，但未死心叶还可以复发

图 2–52　在花生播后芽前，遇高湿条件喷施 24% 乙氧氟草醚乳油 30 毫升 / 667 米$^2$ 的药害表现过程　花生苗后叶片上出现大量药害斑点，随着生长而不断发出新叶，整体生长逐渐恢复

图 2–53　在大豆生长期，喷施 10% 乙羧氟草醚乳油 50 毫升 /667 米$^2$ 的药害表现过程　施药后 1～2 天大豆叶片上即出现失绿、黄化，出现大片黄斑，以后随着新叶发出，生长逐渐恢复

图2-54 在大豆生长期，叶面喷施10% 乙羧氟草醚乳油4天后的药害症状 施药后大豆叶片上出现黄褐斑。药害较轻时，对大豆影响较小；药害较重时，叶片枯焦，心叶坏死，长势受到严重的影响

图2-55 在花生生长期，叶面喷施10% 乙羧氟草醚乳油40毫升/667米$^2$的药害恢复过程 施药后1天叶片失绿、出现浅黄色斑，以后叶片黄化，并出现黄褐色斑，部分叶片坏死，然后又不断长出新叶，恢复生长

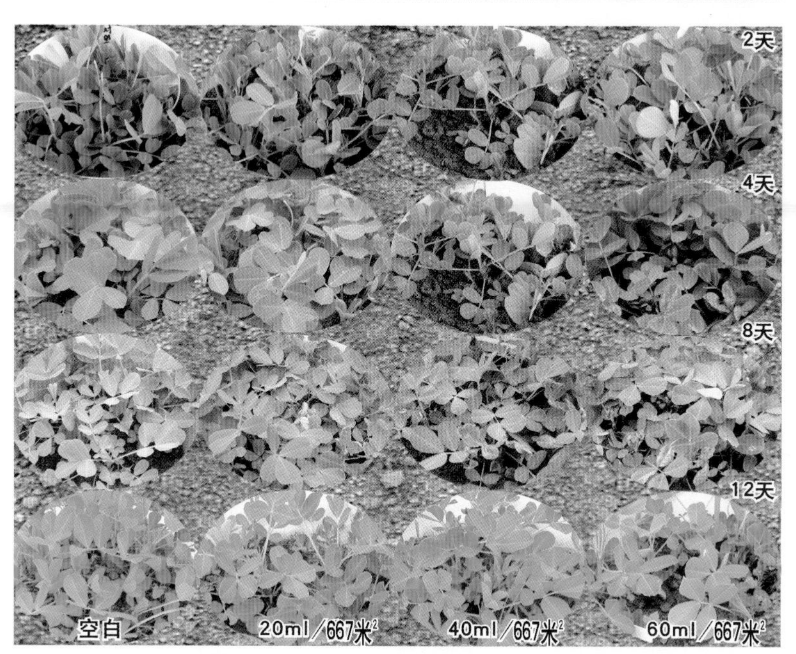


图2-56 在花生生长期，叶面喷施24%乳氟禾草灵乳油的药害症状 施药后1～2天花生叶片即产生褐色斑点。低剂量区斑点少而小，对花生生长基本上没有影响；高剂量区药害较重，部分叶片枯死

## (四)大豆和花生田二苯醚类除草剂的应用方法

二苯醚类除草剂具有较高的选择性，每个品种均有较为明确的适用作物、施药适期和除草谱，施药时必须严格选择，施用不当会产生严重的药害、达不到理想的除草效果。

大多数二苯醚类除草剂品种在植物体内传导性差，主要起触杀作用，因而主要防治一年生与种子繁殖的多年生杂草幼芽或幼苗。该药易对作物发生药害，施药后可能会出现褐色斑点，施药时务必严格掌握用药量，施药时喷施均匀，最好在施药前先试验后推广。大豆三片复叶以后，叶片遮盖杂草，在此时喷药会影响除草效果，同时，作物叶片接触药剂多，抗药性减弱，会加重药害。大豆如果生长在不良环境中，如干旱、水淹、肥料过多、寒流、霜害、土壤含盐过多、大豆苗已遭病、虫危害以及要下雨前，不宜施用此药。施用此药后48小时会引起大豆幼苗灼伤、呈黄色或黄褐色焦枯状斑点，几天后可以恢复正常，田间未发现有死亡植株。勿用超低容量喷雾。最高气温低于21℃或土温低于15℃，均不应施用。

常用品种用法与用量见表2–10和表2–11。

表2–10　大豆田二苯醚类除草剂品种与应用方法

| 品种与剂型 | 播后芽前(克、毫升 /667米$^2$) | 苗期(克、毫升 /667米$^2$) |
|---|---|---|
| 24%乙氧氟草醚乳油 | 20～40 | |
| 24%三氟羧草醚水剂 | | 50～75 |
| 24%乳氟禾草灵乳油 | | 20～30 |
| 10%乙羧氟草醚乳油 | | 10～20 |
| 25%氟磺胺草醚乳油 | | 50～75 |

表2–11　花生田二苯醚类除草剂品种与应用方法

| 品种与剂型 | 播后芽前(克、毫升 /667米$^2$) | 苗期(克、毫升 /667米$^2$) |
|---|---|---|
| 24%乙氧氟草醚乳油 | 20～40 | |
| 24%三氟羧草醚水剂 | | 50～75 |
| 24%乳氟禾草灵乳油 | | 20～40 |
| 10%乙羧氟草醚乳油 | | 10～20 |

## 五、大豆和花生田芳氧基苯氧基丙酸类与环已烯酮类除草剂应用技术

芳氧基苯氧基丙酸类与环已烯酮类除草剂是大豆和花生田重要的除草剂，常用的品种有精喹禾灵、精吡氟禾草灵、高效吡氟氯禾灵、喔草酯、精恶唑禾草灵、稀禾定和烯草酮。

### (一)大豆和花生田芳氧基苯氧基丙酸类等除草剂的特点

①所有品种都是茎叶处理剂，主要通过植物茎叶部吸收，具有

内吸、局部传导的作用。②主要作用机制是抑制植物体内的乙酰辅酶 A 合成酶的活性，干扰脂肪酸的生物合成。作用部位是植物的分生组织，对幼芽的抑制作用强。③主要用于阔叶作物，是防治禾本科杂草的高效除草剂，具有极高的选择性。④此类除草剂在土壤中无活性，进入土壤无效。

### （二）大豆和花生田芳氧基苯氧基丙酸类等除草剂的防治对象

可以有效防除一年生禾本科杂草，如稗草、牛筋草、狗尾草、看麦娘、野燕麦、马唐和画眉草等。提高剂量可以防除狗牙根、白茅、芦苇等多年生禾本科杂草。对莎草、阔叶杂草无效。

主要作用部位是植物的分生组织，一般于施药后 48 小时即开始出现药害症状，生长停止、3～5 天后心叶和其他部位叶片变紫、变黄，茎节点部位坏死、全株枯萎死亡(如图 2–57 至图 2–62)。

图 2–57　精喹禾灵施药后狗尾草的中毒症状和茎节点的受害症状

图2–58 在狗尾草较大时，施用10.8%高效氟吡甲禾灵乳油防治狗尾草10天后的效果比较 死草效果较慢、较差，施药后10天茎节点变褐、坏死，生长受到抑制，但以后多数会逐渐枯萎死亡

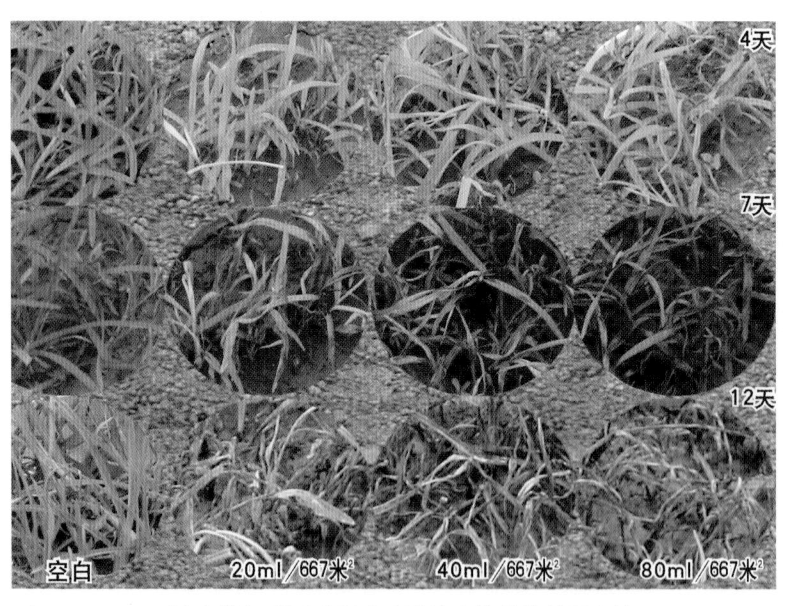


图2–59 10.8%高效氟吡甲禾灵乳油防治牛筋草的效果比较 防治效果较好，施药后4天茎叶黄化，节点坏死，5～7天开始大量枯萎，以后逐渐枯萎死亡

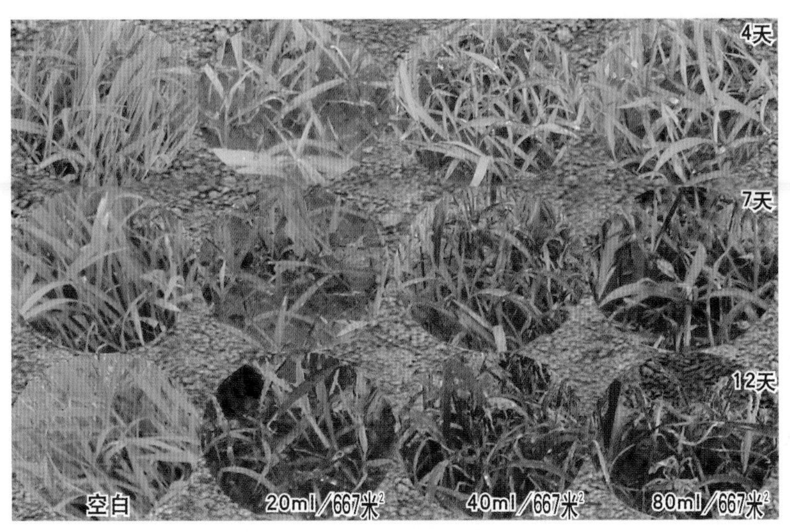


图2-60　5%精喹禾灵乳油防治马唐的效果比较　防效较好，施药后4～7天茎叶发红、发紫，节点坏死，生长受到抑制，以后逐渐枯萎死亡

2-61　10.8%高效氟吡甲禾灵乳油防治稗草的效果比较　防效较好，施药后4～7天茎叶发红、发紫，节点坏死，生长受到抑制，以后逐渐枯萎死亡

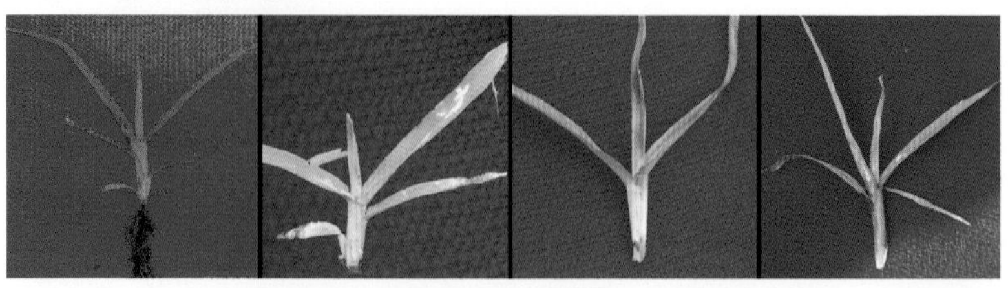

图2-62　12.5%稀禾啶机油乳剂防治牛筋草的中毒死亡过程　防效较好，施药后4天即表现出明显的中毒症状，茎叶发黄，生长停滞，以后逐渐枯萎死亡

### （三）大豆和花生田芳氧基苯氧基丙酸类等除草剂的药害与安全应用

该类除草剂对禾大豆和花生安全性较好，但生产中与由于其它农药混用不当，或是个别品种在工业生产中的溶剂、乳化剂选用不当、存放时间太长，也会发生药害。药害症状见图2-63和图2-64。

图2-63　在大豆生长期，喷施精喹禾灵对大豆的药害症状　大豆出现黄色斑点。药害原因可能是精喹禾灵中加入了不合适的溶剂或助剂，特别是在高温干旱时喷施易于发生药害

图2-64　在大豆生长期，喷施禾草灵对大豆的药害症状　大豆出现黄色斑点。药害原因可能是禾草灵中加入了不合适的溶剂或助剂，或与其他药剂混用不当

### （四）大豆和花生田芳氧基苯氧基丙酸类等除草剂的应用方法

该类除草剂的防除对象基本一致。它们对大豆、花生和其他几乎所有的双子叶作物都很安全，施药时不能飘移到周围禾本科作物田。

该类除草剂是苗后茎叶处理剂，喷药时期以杂草叶龄为指标，一般在杂草幼龄时期施用，除草效果高；稗草等禾本科杂草2～6叶期使用较好，低剂量可以防治2～3叶期禾本科杂草，高剂量可以防治分蘖期的杂草。湿度高墒情好时药效好。在干旱地区，灌水后施药效果提高。常用品种用法与用量见表2-12。

表2-12　大豆和花生田除草剂品种与应用方法

| 品种与剂型 | 生长期用量(毫升/667米$^2$) |
| --- | --- |
| 10%精喹禾灵乳油 | 50～75 |
| 15%精吡氟禾草灵乳油 | 40～60 |
| 10.8%高效吡氟氯禾灵乳油 | 20～40 |
| 10%喔草酯乳油 | 40～60 |
| 10%精恶唑禾草灵乳油 | 50～75 |
| 12.5%稀禾定乳油 | 50～75 |
| 24%烯草酮乳油 | 30～40 |

## 六、大豆和花生田二硝基苯胺类除草剂应用技术

二硝基苯胺类除草剂是大豆和花生田最为重要的除草剂，常用的品种有二甲戊乐灵、地乐胺、氟乐灵。

### （一）大豆和花生田常用二硝基苯胺类除草剂的特点

①杀草谱广，不仅是防治一年生禾本科杂草的特效除草剂，而且还可以防治部分一年生阔叶杂草。②所有品种都是土壤处理剂，主要防治杂草幼芽，因而多在作物播种前或播种后出苗前施用。③除草机制主要是抑制细胞的有丝分裂与分化，典型作用特性是抑制次生根生长，而完全抑制次生根形成的剂量对主根却没有影响。除了抑制次生根生长以外，其对幼芽也产生明显抑制作用，它们对单子叶植物的抑制作用比双子叶重。④易于挥发和光解是此类除草剂的突出特性，因此多数品种在田间喷药后必须尽快进行耙地拌土，故对于干旱现象普遍的我国北方地区是十分有利的。⑤在土壤中的持效期中等或稍长，耐雨水性能较强，大多数品种的半衰期为2～3个月，正确使用时，对于轮作中绝大多数后茬作物无残留毒害。

### （二）大豆和花生田二硝基苯胺类除草剂的防治对象

二硝基苯胺类除草剂在作物种植前或出苗前进行土壤处理防止杂草出苗。它们对种子发芽没有抑制作用。其效应是在种子产生幼根或幼芽过程以及幼芽出土过程中发生的。可以防除一年生禾本科杂草和某些阔叶杂草，对稗草、狗尾草、马唐、野燕麦、反枝苋、柳叶刺蓼、藜、龙葵等效果突出，对鳢肠、野黍、卷茎蓼、香薷、鼬瓣花也有较好的效果，对马齿苋、狼把草、鸭跖草、苍耳、铁苋、本氏蓼等效果较差，防除单子叶杂草的效果优于双子叶的效果，对

多年生杂草无效。

### （三）大豆和花生田二硝基苯胺类除草剂的药害与安全应用

二硝基苯胺类除草剂严重破坏细胞正常分裂，根尖分生组织内细胞变小或伸长区细胞未明显伸长，特别是皮层薄壁组织中细胞异常增大，胞壁变厚；由于细胞极性丧失，细胞内液泡形成逐渐增强，因而在最大伸长区开始放射性膨大，从而造成通常所看到的根尖呈鳞片状。该类药剂的药害症状是抑制幼芽的生长和次生根的形成。典型药害症状是根短而粗，无次生根或次生根稀疏而短，根尖肿胀成棒头状，芽生长受到抑制，下胚轴肿胀。受害植物矮小，叶片皱缩或畸型，根系生长受到严重抑制。一般作物受害后持续时间较长，轻度药害多数可以恢复，重者缓慢死亡。药害症状见图2–65至图2–68。

图2–65　氟乐灵在大豆芽前施药不当的药害症状

图2–66 在大豆播后芽前，低温高湿条件下，喷施48%氟乐灵乳油8天后的药害症状　受害后出苗缓慢，根系受到抑制，叶片皱缩、畸形，长势差。轻度受害大豆基本上可以恢复，重者叶片皱缩、畸形，生长受到严重抑制或死亡

图2–67 在大豆播后芽前，低温高湿条件下，喷施33%二甲戊乐灵乳油9天后的药害症状　受害后出苗缓慢，根系受到抑制，叶片皱缩、畸形，长势差

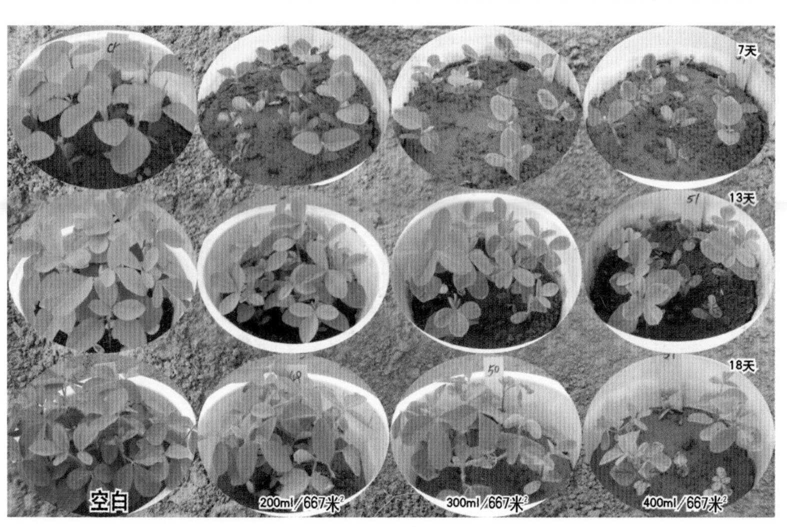


图 2–68　在大豆播后芽前，模仿错误用药，喷施 33% 二甲戊乐灵乳油后的药害症状　受害大豆植株矮小，畸形，生长受到抑制，轻者可以恢复，长势明显差于空白对照，重者缓慢死亡

## （四）大豆和花生田二硝基苯胺类除草剂的应用方法

二硝基苯胺除草剂各品种的防治对象虽有细微差别，但更多的是它们有着共同特性：主要防治一年生禾本科杂草及种子繁殖的多年生杂草的幼芽，对成株杂草无效或效果很差，它们虽然对一些小粒一年生阔叶杂草如苋、藜等有一定效应，但防治效果远比禾本科杂草差，对多年生杂草无效。是优秀的土壤封闭处理剂，必须掌握在杂草发芽出苗前施药。

除草效果受墒情影响较大，墒情好除草效果好，墒情差时除草效果差。施药后如遇持续低温、瀑雨及土壤高湿，对作物易于产生药害，表现为叶片扭曲、生长缓慢，随着温度的升高，便逐步恢复正常。

氟乐灵和地乐胺易于挥发与光解，喷药后应及时拌土 3～5 厘米深，不宜过深，以免相对降低药土层的含药量和增加对作物幼苗的伤害。从施药到混土的时间一般不能超过 8 小时，否则会影响药效。除草效果和用量均与土壤特性、特别是有机质含量及土壤质地有密切关系；黏土地、有机质含量较高地块要适当加大药量。氟乐灵残效期较长，在北方低温干旱地区可长达10～12个月，对后茬的高粱、谷子有一定的影响。各种药剂用法与用量见表2–13。

表2–13　大豆和花生田二硝基苯胺类除草剂品种与应用方法

| 品种与剂型 | 播后芽前(毫升 /667 米$^2$) | 花生苗期(毫升 /667 米 2) |
| --- | --- | --- |
| 33% 二甲戊乐灵乳油 | 100～200 | 100～150 |
| 48% 氟乐灵乳油 | 150～200 | |
| 48% 地乐胺乳油 | 150～200 | |

## 七、大豆和花生田其他除草剂应用技术

### (一)扑草净应用技术

**1.扑草净除草特点**　选择性内吸传导型除草剂，主要通过根部吸收，也可以通过茎、叶渗入到植物体内。吸收的扑草净通过蒸腾流进行传导，抑制杂草的光合作用，使植物失绿、黄化、枯萎死亡。持效期45～70天。

**2.扑草净防除对象**　可防除多种一年生禾本科杂草和阔叶杂草，对反枝苋、藜、马唐、狗尾草、牛筋草、稗草等均有很好的防治效果，对苍耳、龙葵等也有较好的效果，对马齿苋、铁苋、鸭跖草、伞形花科和一些豆科杂草防效较差，对多年生杂草基本上没有效果。死草症状见图2–69至图2–71。

**3.扑草净应用技术**　大豆、花生田，用50%可湿粉50～100克/667米$^2$，于播种后出苗前喷雾法进行土壤处理。

有机质含量低的砂质土不宜施用。施药时适当的土壤水分有利于发挥药效。该药安全性差，施药时用药量要准确，否则，易于发生药害。药害症状见图2–72至图2–76。

图2-69　50%扑草净可湿性粉剂芽前施药对马唐的防治效果比较　有一定的防治效果，施药后马唐正常发芽出土，出苗后见光黄化、枯死，一般以50%可湿性粉剂200克/667米²对马唐防治效果较好

图2-70　50%扑草净可湿性粉剂芽前施药对狗尾草的防治效果比较　防效突出，狗尾草出苗后见光黄化、枯死，低剂量即可达到较好的防治效果

图2-71　50%扑草净可湿性粉剂芽前施药对铁苋的防治效果比较　防效较差，施药后基本上正常出苗，苗后黄化，生长受到抑制，但防治效果不理想

图2-72　在大豆播后芽前，特别是低温干旱条件下，喷施50%扑草净可湿性粉剂的药害症状　大豆苗后叶片黄化不长，逐渐枯死，最后全株死亡

图2-73　在大豆播后芽前，喷施50%扑草净可湿性粉剂的药害症状　大豆正常出苗，苗后叶片黄化，重者叶片逐渐枯死。光照强、温度高时药害发展迅速

图2-74　在花生播后芽前，喷施50%扑草净可湿性粉剂的药害症状　受害花生正常出苗，苗后叶片黄化，从叶尖和叶缘开始枯死。高剂量区基本死亡，低剂量处理也受到较大的影响。光照强、温度高药害发展迅速

图2–75　在花生播后芽前，喷施50%扑草净可湿性粉剂400克/667米$^2$的药害症状比较　**受害花生正常出苗，苗后叶片黄化，从叶尖和叶缘开始逐渐枯死**

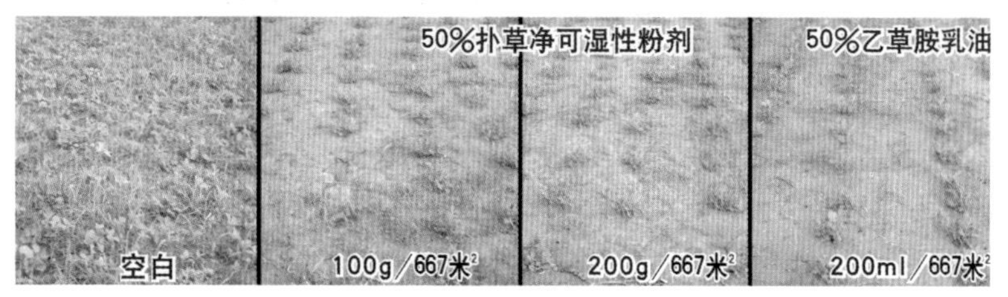


图2–76　在花生播后芽前，喷施除草剂的药害症状　**施药后花生正常出苗，苗后叶片黄化，前期生长略受影响，一般低剂量下对花生生长影响不大，部分受害重的花生从叶尖和叶缘开始枯黄，个别叶片枯死。田间除草效果较好**

## （二）嗪草酮应用技术

**1.嗪草酮除草特点**　选择性内吸除草剂，药剂主要为杂草根系吸收随蒸腾流向上部传导，也可为叶片吸收，在体内作有限的传导。主要抑制敏感植物的光合作用而发挥杀草活性，施药后各敏感杂草萌发出苗不受影响，出苗后叶片褪绿，最后营养枯竭而死亡。一般在土壤中的半衰期为28天左右，塘水中约7天，对后茬作物不会产生药害。

**2.嗪草酮防除对象**　可以防除一年生的阔叶杂草和部分禾本科杂草，对多年生杂草效果不好。可以有效防除苋、藜、苘麻、龙葵、苍耳等，也可以防治龙葵、鳢肠、狗尾草、马唐、稗草、牛筋草等杂草，对多年生杂草无效。死草症状见图2–77至图2–80。

图 2-77　50% 嗪草酮可湿性粉剂芽前施药对马唐的防治效果　施药后马唐仍然发芽出苗，苗后见光失绿、枯黄、死亡

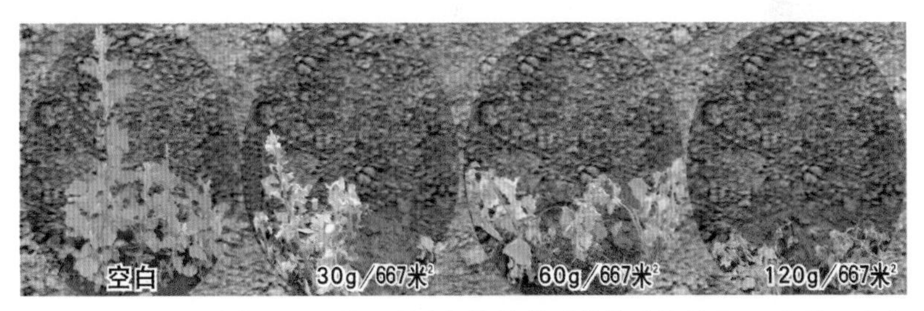


图 2-78　50% 嗪草酮可湿性粉剂生长期施药对藜的防治效果　嗪草酮对藜防效突出，施药后 2～3 天藜失绿、黄化，从叶尖和叶缘处开始逐渐枯黄、死

图 2-79　50% 嗪草酮可湿性粉剂芽前施药对狗尾草的防治效果　嗪草酮对狗尾草的防效较好，很低的剂量即能达到较好的效果

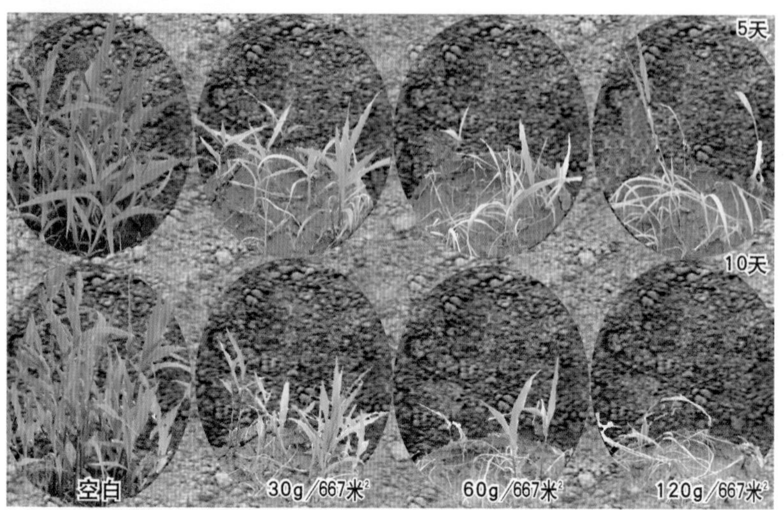


图 2–80　50% 嗪草酮可湿性粉剂生长期施药对狗尾草的防治效果　施药后3～5天狗尾草失绿、黄化，从叶尖和叶缘处开始逐渐枯黄、死亡

**3.嗪草酮应用技术**　可在大豆播前混土，或土壤水分适宜时作播后苗前土壤处理。我国东北春大豆一般用 70%可湿粉 50～76 克/667 米$^2$，播后苗前加水 30 升进行土表喷雾，土壤干旱时可以进行浅混土。我国山东、江苏、河南、安徽及南方等省份夏大豆田通常土壤属轻质土，温暖湿润，有机质含量低，一般用 70%可湿粉 23～50 克/667 米$^2$，加水 30 升，于播后苗前进行土壤处理。

嗪草酮的安全性较差，施药量过高或施药量不均匀，施药后遇有较大降雨或大水漫灌，大豆根部吸收药剂而发生药害，使用时要根据不同情况灵活用药。土壤具有适当的湿度有利于根的吸收，温度对除草效果及作物的安全性也有一定的影响，温度高的地区用药量应较温度低的地区用药量低。药效受土壤水分的影响较大，当土壤墒情好或施药后有一定量降雨时，则药效易发挥，当施药时持续干旱，药效差，如果土壤干燥应于施药后进行浅混土。砂质土、有机质含量 2%以下的大豆田不能施药。土壤 pH7.5 以上的碱性土壤和降雨多、气温高的地区要适当减少用药量。大豆播种深度至少3.5～4厘米，播种过浅也易发生药害。药害症状见图2—81至图2—84。

图2—81　在大豆播后芽前，喷施50%嗪草酮可湿性粉剂后药害症状　施药后大豆正常发芽出苗，苗后大豆叶片黄化，高剂量下受害植株从心叶、叶尖和叶缘开始逐渐黄化、枯死

图2—82　在大豆生长期，叶面喷施50%嗪草酮可湿性粉剂4天后药害症状　受害植株从叶尖和叶缘开始逐渐黄化、枯死

图2–83　在大豆播后芽前，高湿条件下，田间喷施50％嗪草酮可湿性粉剂15天后药害症状　受害植株从心叶、叶尖和叶缘开始逐渐黄化、枯死

图2–84　在大豆播后芽前，高湿条件下，喷施50％嗪草酮可湿性粉剂后药害症状　受害植株从心叶、叶尖和叶缘开始逐渐黄化、枯死，重者真叶发生后即失绿枯死

## (三)恶草酮应用技术

**1. 恶草酮除草特点**　选择性芽前土壤封闭除草剂，通过杂草幼芽或幼苗与药剂接触、吸收而起作用。通过对原卟啉氧化酶的抑制而发挥除草作用。杂草自萌芽至2～3 叶期均敏感，以杂草萌芽期施药效果最好，随杂草长大，效果下降。土壤中不易淋溶和移动，持效期为1～2个月。

**2. 恶草酮防除对象**　可以防除一年生禾本科和阔叶杂草。可以防治的杂草有稗草、牛筋草、苘麻、反枝苋、皱果苋、藜、地肤、陌上菜、扁蓄、马齿苋、节节菜等，对多年生杂草无效，对阔叶杂草的防效优于对禾本科杂草的防效。死草症状见图2－85和图2－86。

图2－85　12％恶草酮乳油对苘麻的防治效果比较　防效较好，施药后接触药剂即死亡，未接触药土层的苘麻可能复发

图2－86　12％恶草酮乳油对马唐的防治效果比较　防效较好，施药后马唐接触药剂即死亡，未接触药土层的马唐可能复发

**3.恶草酮应用技术** 大豆、花生播后苗前进行土壤处理，用12%乳油200～300毫升/667米$^2$，加水30升进行土表均匀喷雾。

该药易于发生触杀性药害，施药时剂量要准确、喷洒要均一。施药时，墒情好除草效果好；施药后作物出苗前遇灌溉或降雨时作物易于发生药害。药害症状见图2-87至图2-91。

图2-87 在大豆播后芽前，喷施12%恶草酮乳油后的药害症状 大豆出苗基本正常，苗后茎叶发黄、出现黄斑，长势差于空白对照。高剂量处理，出苗缓慢、稀疏，苗后生长缓慢、矮化，个别茎叶出现黄褐色坏死

图2-88　在大豆播后芽前，遇持续高温高湿条件，喷施12%恶草酮乳油9天后的药害症状　大豆出苗稀疏，茎叶发黄、出现枯黄斑，心叶皱缩

图2-89　在花生播后芽前，遇持续高温高湿条件，喷施12%恶草酮乳油10天后的药害症状　花生出苗后茎叶发黄、出现枯黄斑，长势差

图2–90　在花生播后芽前，遇持续高温高湿条件，喷施12% 恶草酮乳油后的药害症状　花生出苗基本正常，苗后茎叶发黄、出现黄斑，长势稍差于空白对照

图2–91　在花生播后芽前，喷施12% 恶草酮乳油后的药害症状　出苗后幼苗斑点性枯黄，叶尖干枯，但不影响新叶发生，轻度药害以后会逐渐恢复

## （四）氟烯草酸应用技术

**1.氟烯草酸除草特点**　选择性触杀型苗后茎叶处理剂，属于苯基酞酰亚胺类，可以被杂草茎叶吸收，迅速作用于植物组织，通过对原卟啉氧化酶的抑制引起原卟啉的积累，使细胞膜脂质过氧化作用增强，导致杂草细胞膜结构和细胞功能损害。药剂在光照条件下才能发挥杀草作用，一般在1～2天内出现叶面白化、斑枯等症状。大豆有良好的耐药性，大豆可以分解该药剂；但在高温条件下施药，大豆可能出现轻微触杀性药害，而对新出叶无影响。

**2.氟烯草酸防除对象**　可以防除一年阔叶杂草。可以防治的杂草有马齿苋、苘麻、苍耳、蓼、苘麻、龙葵等，对反枝苋、藜、铁苋、鸭跖草、小蓟等杂草效果差，可以杀死部分多年生杂草的地上部分。死草症状见图2–92和图2–95。

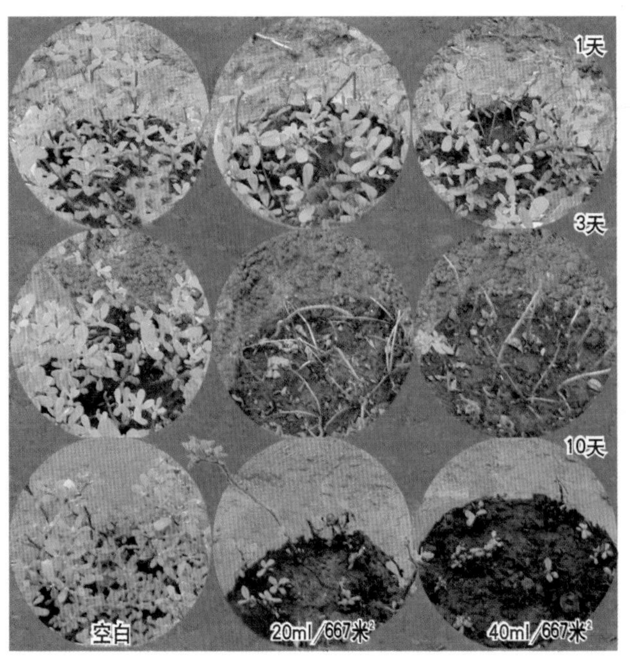


图2–92　10%氟烯草酸乳油对马齿苋的防治效果比较　防效突出，施药后接触药剂即死亡，未死新叶仍能复发

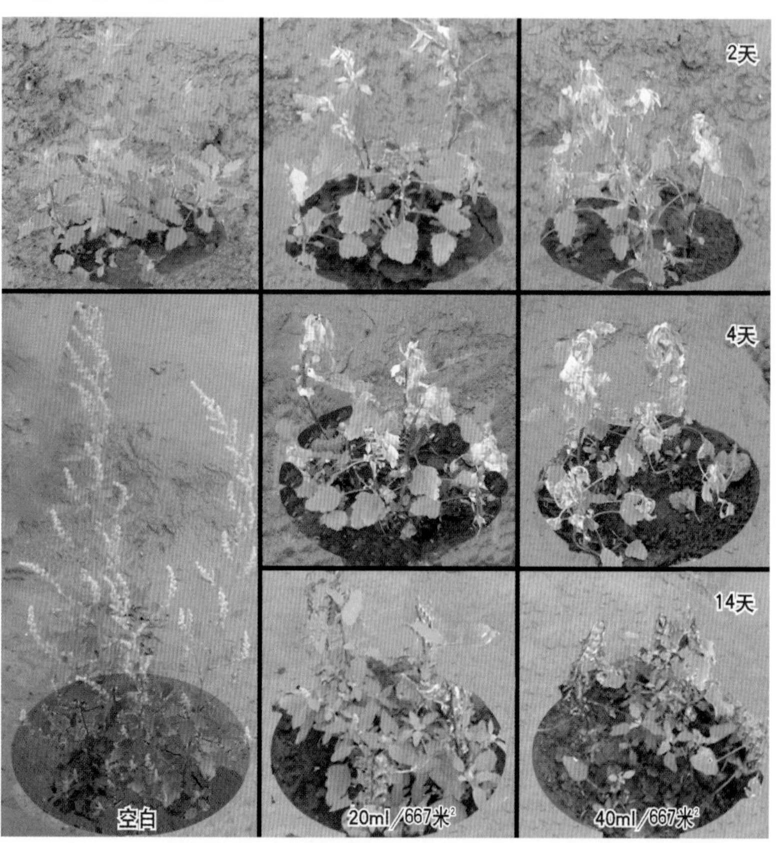


图 2-93 10%氟烯草酸乳油对藜的防治效果比较 防效较好，施药后接触药剂即死亡，未接触药的部分枝叶可能复发

图 2-94 10%氟烯草酸乳油对香附子的防治效果 可以防治香附子的地上部分，施药后嫩叶迅速死亡，但地下根茎不死，还可以复发

图2−95　10%氟烯草酸乳油对反枝苋的防治效果比较　防效突出，施药后接触药剂即死亡，死亡比较彻底

**3.氟烯草酸应用技术**　大豆苗后2～4片复叶期，阔叶杂草2～4时期，最好在大豆2片复叶期，大多数杂草出齐时施药，每用10%乳油30～45毫升/667米²，对水30升均匀喷施。

药剂稀释后要立即施用，不要长时间搁置。在干燥的情况下防效低，不宜施用。如果8小时内有雨，也不要施用。喷药时应注意避免药液飘移至周围作物上，宜在无风时施药。使用正常量也能使大豆产生触杀型药害，施药时剂量偏高、或施药不匀时可能产生严重性触杀性药害；在高温条件下施药，大豆可能发生药害。轻度药害时，对新叶的发生无影响，7天左右可以恢复，对产量影响较小。药害症状见图2−96和图2−97。

图2−96　在大豆生长期，喷施10%氟烯草酸乳油后的药害表现过程　施药后几小时茎叶即出现黄化，1～2天叶片出现斑点性枯黄斑，叶片枯黄，生长受到抑制，以后随着新叶的发出生长逐渐恢复

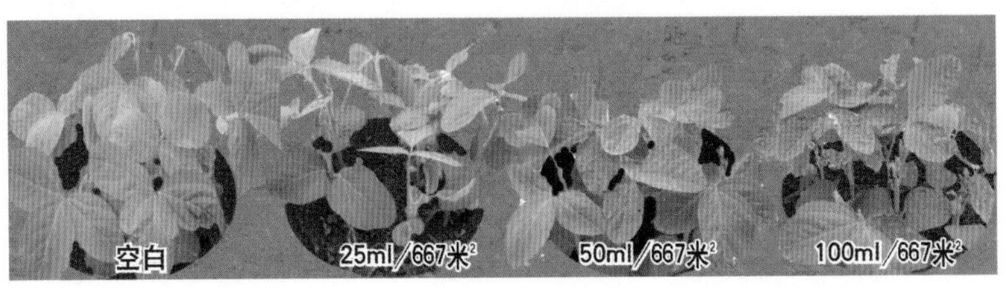


图2−97　在大豆生长期，喷施10%氟烯草酸乳油4天后的药害症状　药后茎叶黄化，出现斑点性枯黄斑，叶片皱缩，生长受到抑制。高剂量处理后，3～5天叶片即开始枯黄，心叶死亡

## （五）丙炔氟草胺应用技术

**1.丙炔氟草胺除草特点**　杀草谱广，触杀性土壤封闭除草剂。主要靠植物的种子和幼芽吸收，根吸收很少。幼芽接触药剂后吸收药剂导至嫩芽坏死并抑制根的生长。光和氧能加速药剂的除草活性。其作用机制是通过对原卟啉氧化酶的抑制引起原卟啉的积累，使细胞膜脂质过氧化作用增强，导致杂草细胞膜结构和细胞功能损害。大豆、花生对该药剂有很好的耐性。对后茬作物无药害。水溶性低，易被吸附在土表0～1厘米处形成药土层。

**2.丙炔氟草胺防除对象**　可以防除一年生阔叶杂草和部分禾

本科杂草。可以防治的杂草有藜、反枝苋、龙葵、狼把草、柳叶刺蓼、鼬瓣花、马齿苋、鸭趾草等，对本氏蓼、香薷、荠菜、马唐、狗尾草、牛筋草也有较好的防治效果，对多年生杂草无效。

**3.丙炔氟草胺应用技术** 大豆、花生播后苗前进行土壤处理，用50%可湿粉9～12克/667米$^2$，加水45升进行土表均匀喷雾。

对杂草的防效取决于土壤条件，干旱时严重影响除草效果，应灌水后施药。本品如果在大豆发芽后施药，有可能引起严重药害。为确保除草效果，药剂喷洒后要注意不要破坏药土层。药剂稀释后要及时施用，不要长时间放置。按推荐剂量施药，不要过量用药。大豆拱土期不要施药，大豆播后苗前施药最好在大豆播后3天内进行。药害症状见图2–98和图2–99。

图2–98 在大豆播后芽前，遇持续低温高湿条件，于大豆萌芽期喷施50%丙炔氟草胺可湿性粉剂23天后的药害症状 药后茎叶扭曲、畸形，生长缓慢。药害较重时，叶片扭曲、脆弱、缓慢死亡

图2–99 在大豆生长期，错误用药，喷施50%丙炔氟草胺可湿性粉剂1天后的药害症状 药后茎叶黄化、出现大量触性黄化斑

## （六）异恶草酮应用技术

**1.异恶草酮除草特点** 可为杂草根部或幼芽吸收，在植物体内向上传导。本品属于异恶唑烷二酮类除草剂，通过抑制异戊二烯化合物合成，是双萜生物合成抑制剂，虽然敏感杂草能出土，但组织失绿、白化，植物在很短时间内就死亡。大豆可以降解代谢该药，是其选择性的主要原因。

**2.异恶草酮防除对象** 可以防除一年生禾本科和阔叶杂草。可以防治的杂草有马唐、狗尾草、稗草、牛筋草、铁苋、苘麻、反枝苋、青葙、荠菜、卷茎蓼、藜、大巢菜等，对看麦娘、鼬瓣花、鸭趾草、苣荬菜、大蓟、香附子也有一定的效果。死草症状见图2–100至图2–105。

图2–100 48%异恶草酮乳油芽前施药防治马唐的效果比较 效果较好，施药后正常出苗，苗后叶片白化、失水萎蔫，生长受到抑制，枯萎死亡

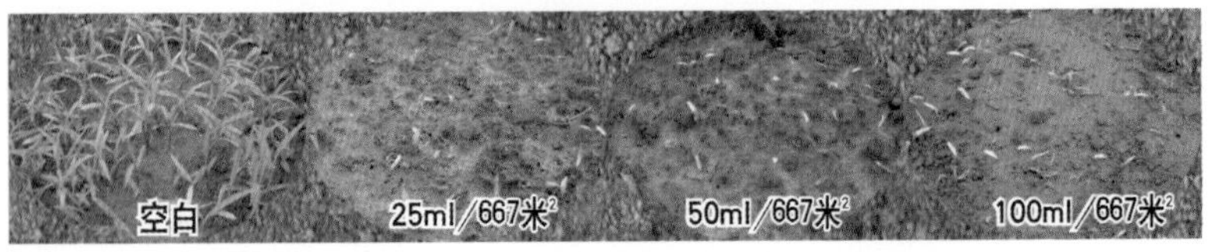


图2–101 48%异恶草酮乳油芽前施药防治狗尾草的效果比较 效果较好，施药后可以出苗，苗后叶片白化，生长受到抑制，以后逐渐失水枯萎死亡

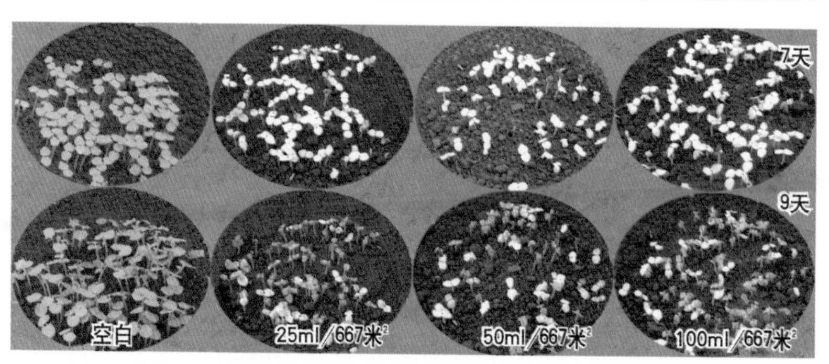


图2-102 48%异恶草酮乳油芽前施药防治苘麻的效果比较 效果较好，施药后正常出苗，苗后叶片白化、枯黄，很快枯萎死亡

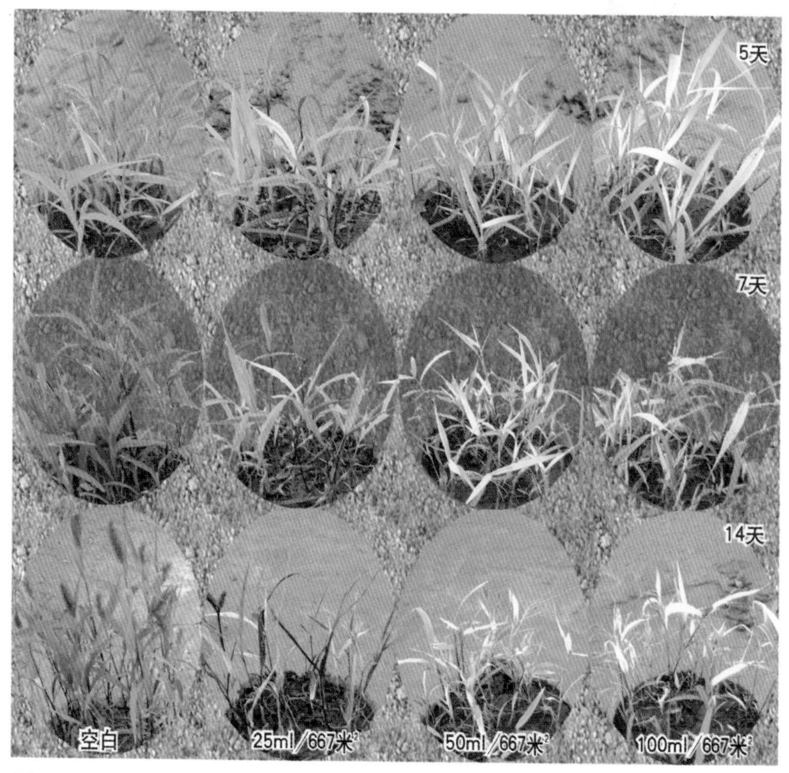


图2-103 48%异恶草酮乳油生长期施药防治狗尾草的效果比较 施药后叶片白化、紫红色，生长受到抑制，以后高剂量下逐渐死亡

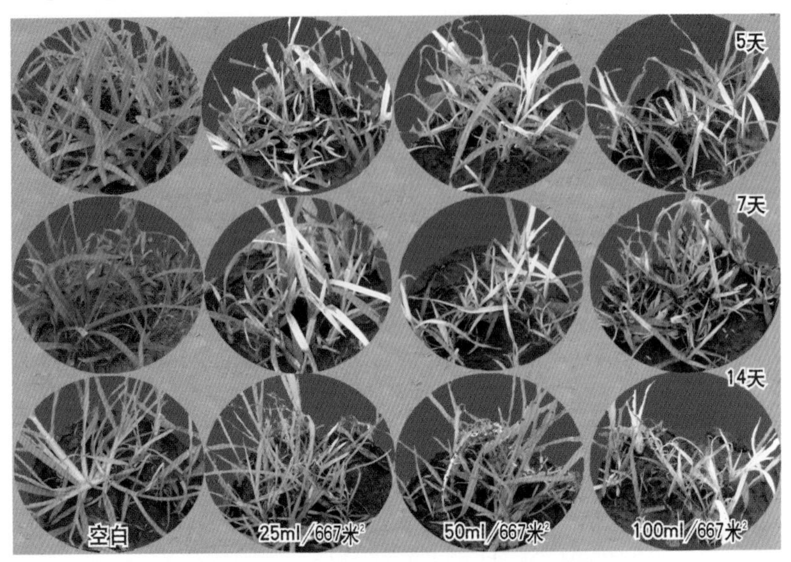


图2–104 48%异恶草酮乳油生长期施药防治牛筋草的效果比较 效果较差，施药后叶片白化、紫红色，生长受到抑制，但多数不至死亡

图2–105 48%异恶草酮乳油生长期施药防治马齿苋的效果比较 效果较差，施药后叶片白化、紫红色，生长受到抑制

**3.异恶草酮应用技术**　大豆田，作物播种前或播后芽前土壤处理，也可在幼苗期施药，用48%乳油50～100毫升/667米$^2$，用量根据土壤情况而定。土壤有机质3%以下，用48%乳油50～70毫升/667米$^2$、土壤有机质3%以上，应与乙草胺等除草剂混用。

该药除草效果与土壤墒情关系较大，墒情好除草效果好，墒情不好可以考虑浅混土，有条件的地方应进行灌水。施药时应注意土壤质地，而适当调整用药量。施药时远离菜园、果园、苗圃、温室300米以上。

### （七）苯达松应用技术

**1.苯达松除草特点**　触杀型选择性苗后除草剂，用于苗期茎叶处理。该药剂属于苯并噻二唑类除草剂，主要抑制光合作。大豆和花生能代谢药剂，是其选择性的主要原因。该药不易挥发，光下易光解。

**2.苯达松防除对象**　可以防除多数一年生双子叶杂草和莎草科杂草，对马齿苋、铁苋、反枝苋、小藜、地肤、苘麻、苍耳效果较好，对扁蓄、鸭跖草也有一定的效果，对香附子、田旋花等多年生杂草只能防除其地上部分，对禾本科杂草无效。死草症状见图2–106和图2–109。

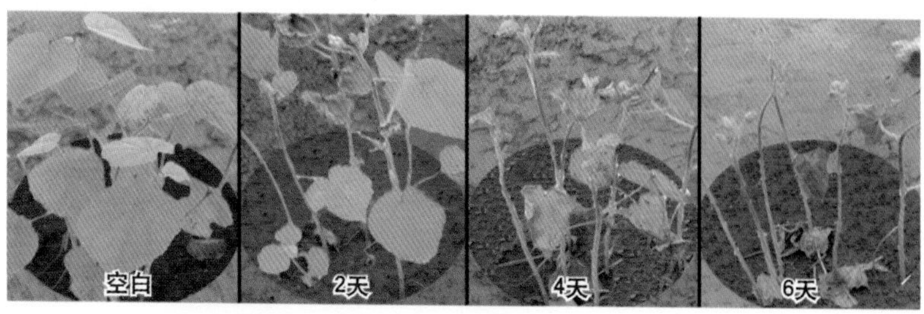


图2–106　生长期喷施48%苯达松水剂200毫升/667米$^2$防治苘麻的中毒死亡过程　防效突出，施药后，2～3天迅速出现中毒症状，4～6天大量茎叶失水干枯

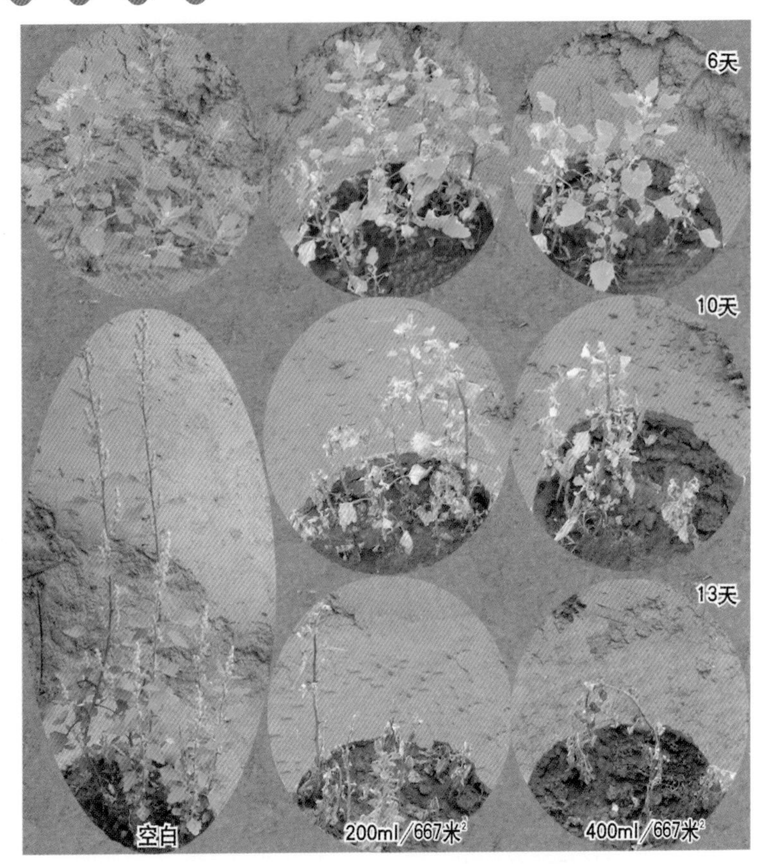


图 2–107 生长期喷施 48% 苯达松水剂防治藜的效果比较 施药后，5～6 天出现中毒症状，茎叶黄化、失水萎蔫，从叶尖叶缘开始干枯死亡，低剂量下未死心叶可能复发

图 2–108 生长期喷施 48% 苯达松水剂防治香附子的中毒症状 施药后，迅速出现中毒症状，叶片黄化、失水，从叶尖叶缘开始干枯，但地下根茎还会复发

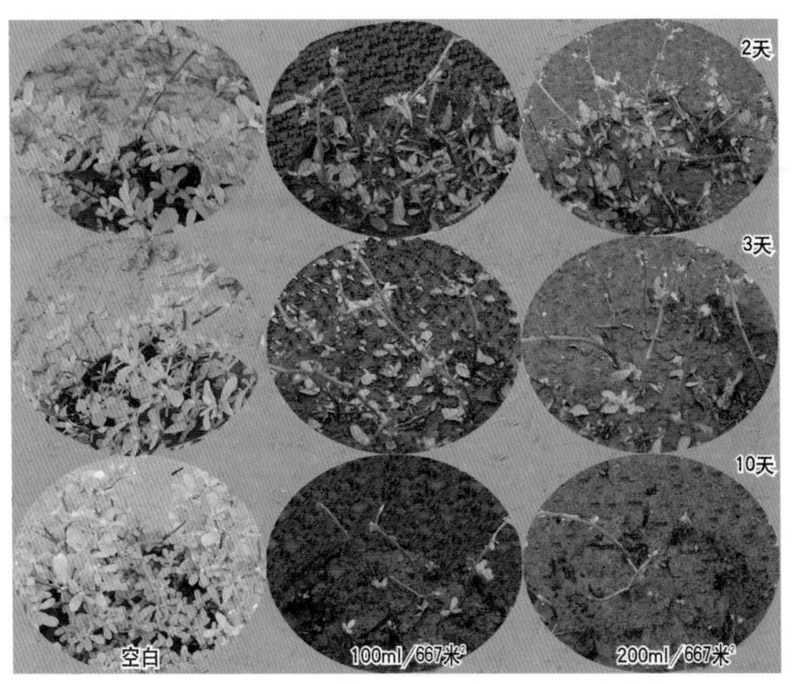


图2-109　生长期喷施48%苯达松水剂防治马齿苋的效果比较　**效果突出，施药后，迅速出现中毒症状，大量叶片脱落枯死**

**3.苯达松应用技术**　大豆、花生田除草，大豆2～4片复叶，杂草3～4 叶期为施药适期， 用48%水剂100～200毫升/667米$^2$，对水30升茎叶处理均匀喷施，土壤水分适宜、杂草出齐、生长旺盛、杂草幼小时可以用低剂量。

旱田施药应待阔叶杂草出齐、且处于幼苗期时施药。施药时应尽量覆盖杂草叶面；渍水、干旱时不宜使用，喷药24小时以内降雨效果不降；光照强效果好。在水涝或过于干旱时不宜使用，以免产生药害或无效。剂量过大或施药不匀时易出现药药害，表现为叶片产生灼烧状干枯斑块，严重的叶片干枯脱落，一般情况下对新出叶无不良影响，以后可逐渐恢复生长。药害症状见图2–110至图2–112。

图 2–110　在大豆生长期，遇高温干旱天气，叶面喷施 48% 苯达松水剂 200 毫升 /667 米$^2$ 后的药害表现过程　施药后叶片迅速失绿、黄化，并产生黄褐斑，部分叶尖和叶缘枯死，心叶一般不死，随后逐渐发出新叶

图 2–111　在大豆生长期，遇高温干旱天气，叶面喷施 48% 苯达松水剂 2 天后的药害症状　叶片迅速失绿、黄化，叶上产生黄褐斑，部分叶尖和叶缘枯死

图 2–112　在花生生长期，叶面喷施 48% 苯达松水剂 3 天后的药害症状　叶片上产生黄褐斑，部分叶尖和叶缘枯死

# 第三章　大豆田杂草防治技术

我国的大豆栽培较广，各地自然条件复杂，用药形式多样；由于各地种植方式、耕作制度和栽培措施的差异，从而在大豆田形成了种类繁多的杂草群落；不同地区、不同地块的栽培方式、管理水平和肥水差别逐渐加大，在大豆田杂草防治中应注意区别对待，选用适宜的除草剂品种和配套的施药技术。

大豆播种期进行杂草防治是杂草防治中的一个最有利、最关键的时期。播前、播后苗前施药的优点：可以防除杂草于萌芽期和造成危害之前；由于早期控制了杂草，可以推迟或减少中耕次数；播前施药混土能提高对土壤深层出土的一年生大粒阔叶杂草和某些难防治的禾本科杂草的防治效果；还可以改善某些药剂对大豆的安全性。播前、播后苗前施药的缺点：使用药量与药效受土壤质地、有机质含量、pH 值制约；在砂质土，遇大雨可能将某些除草剂(如嗪草酮、利谷隆、乙草胺)淋溶到大豆种子上产生药害；播后苗前土壤处理，土壤必须保持湿润才能使药剂发挥作用，如在干旱条件下施药，除草效果差，甚至无效。

大豆生长期化学除草可以作为豆田杂草的一个补充时期，也是豆田杂草防除上的一个关键时期。苗后茎叶处理具有的优点：受土壤类型、土壤湿度的影响相对较小；看草施药，针对性强。苗后茎叶处理具有的缺点：生长期施用的多种除草剂杀草谱较窄；喷药时对周围敏感作物易造成飘移药害；有些药剂高温条件下应用除草效果好，但同时对大豆也易产生药害；干旱少雨、空气湿度较小和杂草生长缓慢的情况下，除草效果不佳；除草时间愈拖延，大豆减产愈明显；苗后茎叶处理必须在大多数杂草出土，且具有一定截留药液的叶面积时施用，但此时大豆已明显遭受草害。

## 一、以禾本科杂草为主的豆田播后芽前杂草防治

我国大豆种植区较为集中，但在大豆非主产区，部分地区或田块也有大豆栽培，这些豆田除草剂应用较少，豆田主要杂草为马唐、狗尾草、牛筋草、菟丝子、藜、反枝苋等，这类杂草比较好治，生产中可以用酰胺类、二硝基苯胺类除草剂。

在大豆播后苗前施药时，因为大豆出苗较快而不能施药太晚。华北地区夏大豆出苗一般需2～4天，东北地区春大豆出苗一般需要3～5天，施用除草剂时宜在大豆播种3天内施药、且最好在播种的2天之内施药。可以用：

50%乙草胺乳油100～150毫升/667米$^2$；

72%异丙甲草胺乳油150～200毫升/667米$^2$；

72%异丙草胺乳油150～200毫升/667米$^2$；

33%二甲戊乐灵乳油150～200毫升/667米$^2$；

对水50～80升喷雾土表。土壤有机质含量低、砂质土、低洼地、水分足，用药量低，反之用药量高。土壤干旱条件下施药要加大用水量或进行浅混土(2～3厘米)，施药后如遇干旱，有条件的可以灌水。大豆幼苗期，遇低温、多湿、田间长期积水或药量过多，易受药害。其药害症状为叶片皱缩，待大豆长至3片复叶以后，即北方进入7月份、温度升高可以恢复正常生长，一般对产量无影响(图3–1至图3–6)。

图 3–1　在大豆播后芽前，异丙甲草胺施用不当的典型药害症状　心叶卷缩

图 3–2　在大豆播后芽前，乙草胺施用不当的典型药害症状　心叶卷缩，生长受到抑制

图 3–3　在大豆播后苗前，遇持续低温高湿条件，施用 50% 乙草胺乳油后的药害症状　施药处理大豆新叶畸型皱缩、发育缓慢。一般情况下于施药后 2 周开始恢复生长，轻度药害逐渐恢复正常，重者叶片皱缩加重、生长受严重抑制

图3-4 在大豆播后芽前，低温高湿条件下，喷施33%二甲戊乐灵乳油9天后的药害症状 受害后出苗缓慢、根系受抑制，叶片皱缩、畸型、长势差

图3-5 氟乐灵在大豆播后芽前施用对大豆的药害症状

图3-6 在大豆播后芽前，低温高湿条件下，喷施48%氟乐灵乳油后的药害症状 受害后出苗缓慢、根系受抑制，叶片皱缩、畸型、长势差。轻度受害大豆基本上可以恢复，重者根系受抑制，叶片皱缩、畸型、生长受到严重抑制或死亡

## 二、草相复杂的豆田播后芽前杂草防治

黄淮海流域部分地区大豆种植较为集中，豆田除草剂应用较多，豆田杂草危害严重，特别是酰胺类、精喹禾灵系列药剂不能防治的阔叶杂草和莎草科杂草大量上升，为豆田杂草的防治带来了新的困难。

在大豆播后苗前施用除草剂时，最好在播种的2天之内施药，可以用：

50%乙草胺乳油100毫升/667米$^2$+24%乙氧氟草醚乳油10～15毫升/667米$^2$；

72%异丙草胺乳油150毫升/667米$^2$+ 10%氯嘧磺隆可湿性粉剂5～7.5克/667米$^2$；

72%异丙草胺乳油150 毫升/667米$^2$+ 15%噻磺隆可湿性粉剂8～10克/667米$^2$；

对水50～80升喷雾土表。土壤有机质含量低、砂质土、低洼地、水分足，用药量低，反之用药量高。土壤干旱条件下施药要加大用水量或进行浅混土(2～3厘米)，施药后如遇干旱，有条件的可以灌水。大豆幼苗期，遇低温、高湿、田间长期积水或药量过多，易受药害。乙氧氟草醚为芽前触杀性除草剂，除草效果较好，但施药必须均匀；否则，部分杂草死亡不彻底而影响除草效果(图3–7和图3–8)。乙氧氟草醚对大豆易于发生药害(图3–9和图3–10)，生产上要严格掌握施药剂量。氯嘧磺隆可以有效防治多种一年生禾本科杂草和阔叶杂草，但对大豆安全性较差，施药量过大易于对大豆发生药害(图3–11至图3–14)。

图 3–7　在杂草芽前，喷施乙氧氟草醚后的死草特征比较　杂草幼苗叶片斑状枯死，施药均匀时死草彻底；施药不匀时，个别心叶未死的杂草容易复活

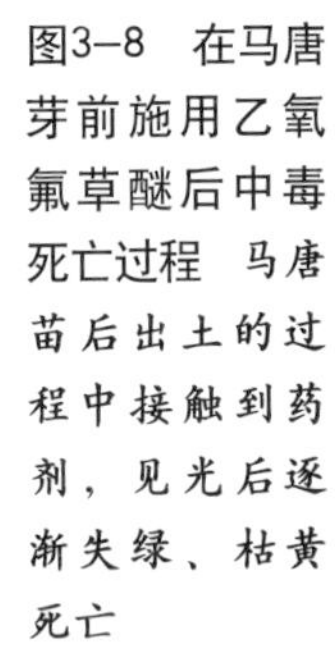

图3–8　在马唐芽前施用乙氧氟草醚后中毒死亡过程　马唐苗后出土的过程中接触到药剂，见光后逐渐失绿、枯黄死亡

图 3–9　在大豆播后芽前，喷施 24% 乙氧氟草醚乳油后的药害症状　大豆苗后心叶畸型，叶片上有黄褐斑。但随着生长大豆会逐渐发出新叶，生长逐渐恢复

图3–10　在大豆播后芽前，喷施24％乙氧氟草醚乳油后的药害症状　大豆出苗稀疏，苗后心叶畸型，叶片上有黄褐斑。但随着生长大豆会逐渐发出新叶，药害较轻时生长逐渐恢复，一般对大豆产量影响不明显

图3–11　在大豆播后芽前，遇持续低温高湿条件时，喷施10％氯嘧磺隆可湿性粉剂19天的药害症状　大豆可以出苗，但苗后生长受到抑制，叶片发黄，心叶发育畸型，新生叶片发出各种长条状、皱缩；根系变褐色、根毛较少、根系弱小；植株矮化，重者会逐渐死亡

图3–12　在大豆播后芽前，遇持续低温高湿条件时，喷施10％氯嘧磺隆可湿性粉剂15克／667米²19天的药害症状　大豆叶片发黄，心叶发育畸型，有时多分枝，新叶长条状、根系变褐色、根毛较少、根系弱小，植株生长缓慢

图3-13　在大豆播后芽前，过量喷施10%氯嘧磺隆可湿性粉剂的药害症状　大豆可以出苗，但苗后生长受到抑制，叶片发黄、心叶黄化、叶脉发红、根系老化变黑，生长受到严重的抑制，甚至死亡

图3-14　在大豆萌芽后，喷施氯嘧磺隆的药害症状　大豆心叶黄化，生长受到严重抑制，药害重者逐渐死亡

## 三、东北大豆产区播后芽前杂草防治

在东北大豆产区，豆田除草剂应用较多，豆田杂草危害严重，杂草比较难治，如鸭跖草、小蓟、苣荬菜、龙葵、苘麻、苍耳等发生严重，生产中应选用适当的除草剂配方。

在大豆播后苗前施用，最好在播种的3天之内施药(图3–15)。

图3–15 大豆田播后芽前施药情况

可以用下列除草剂：

72%异丙甲草胺乳油100～150毫升/667米$^2$+48%异恶草酮乳油50～75毫升/667米$^2$+80%唑嘧磺草胺可湿性粉剂3～4克/667米$^2$；

72%异丙甲草胺乳油100～150毫升/667米$^2$+48%异恶草酮乳油50～75毫升/667米$^2$+15%噻磺隆可湿性粉剂10～12克/667米$^2$；

50%乙草胺乳油100～150毫升/667米$^2$+48%异恶草酮乳油50～75毫升/667米$^2$+80%唑嘧磺草胺可湿性粉剂3～4克/667米$^2$；

50%乙草胺乳油100～150毫升/667米$^2$+48%异恶草酮乳油50～75毫升/667米$^2$+15%噻磺隆可湿性粉剂10～12克/667米$^2$；

对水50～80升喷雾土表。

对于整地较早、田间有阔叶杂草的地块(图3–16)。

图 3–16　东北大豆播后芽前田间发生大量阔叶杂草

在大豆播后苗前施用，可以用：

72%异丙甲草胺乳油 100～150 毫升 /667 米$^2$+48% 异恶草酮乳油 50～75 毫升 /667 米$^2$+72% 2,4– 滴丁酯乳油 50～75 毫升 /667 米$^2$；

50%乙草胺乳油 100～150 毫升 /667 米$^2$+48% 异恶草酮乳油 50～75 毫升 /667 米$^2$+72% 2,4– 滴丁酯乳油 50～75 毫升 /667 米$^2$；

对水 50～80 升喷雾土表。

土壤有机质含量低、砂质土、低洼地、水分足，用药量低，反之用药量高。土壤干旱条件下施药要加大用水量或进行浅混土 2～3 厘米，施药后如遇干旱， 有条件的可以灌水。大豆幼苗期，遇低温、多湿、田间长期积水或药量过多，易受药害。其药害症状为叶片皱缩，待大豆长至 3 片复叶以后，温度升高可以恢复正常生长。2,4– 滴丁酯对大豆易发生药害，施药时不宜过晚，在大豆发芽期及苗后施药药害严重，施药时要远离阔叶作物。

## 四、大豆苗期以禾本科杂草为主的豆田

对于多数大豆田，特别是除草剂应用较少的地区或地块，马唐、狗尾草、牛筋草、稗草等发生危害严重，占杂草的绝大多数。防治时要针对具体情况选择药剂种类和剂量。

在大豆苗期，杂草出苗较少或雨后正处于大量发生之前(3－17)，盲目施用茎叶期防治禾本科杂草的除草剂，如精喹禾灵等，并不能达到理想的除草效果。

图 3–17　在大豆苗期田间杂草较小较少的情况

该期施药时，可以施用：

5% 精喹禾灵乳油 50～75 毫升 /667 米$^2$+72%异丙甲草胺乳油 100～150 毫升 /667 米$^2$；

5% 精喹禾灵乳油 50～75 毫升 /667 米$^2$+33%二甲戊乐灵乳油

100～150毫升/667米²；

12.5%稀禾啶乳油50～75毫升/667米²+72%异丙甲草胺乳油100～150毫升/667米²；

24%烯草酮乳油20～40毫升/667米²+50%异丙草胺乳油100～200毫升/667米²；

对水30升均匀喷施。施药时视草情、墒情确定用药量。施药时尽量不喷到大豆叶片上。由于豆田干旱或中耕除草，田间尽管杂草较小较少，但大豆较大时(图3–18)，不宜施用该配方；否则，药剂过多喷施到大豆叶片，特别是遇高温干旱正午强光下施药易发生严重的药害(图3–19至图3–22)。

图3–18　大豆植株较大而田间杂草较小较少的情况

图3–19　在大豆生长期，遇高温干旱或晴天上午，茎叶喷施50%异丙草胺乳油5天后的药害症状　施药处理后2天即有症状表现，大豆叶片出现黄褐斑，药害轻时，仅个别叶片出现黄褐色斑，对大豆影响不大；药害重时，大量叶片和心叶受害，叶片大面积枯黄、枯死，心叶黄萎皱缩，将严重影响大豆的生长

图 3-20　在大豆生长期，遇高温干旱或晴天上午，茎叶喷施 50% 异丙草胺乳油 8 天后的药害症状　施药处理 8 天后，药害轻的大豆发出新叶，老叶还有部分黄褐斑；药害重时，大豆叶片枯死、心叶皱缩，生长受到抑制

图 3-21　在大豆生长期，遇高温干旱或晴天上午，茎叶喷施 50% 异丙草胺乳油 12 天后的药害症状　施药处理 12 天后，药害轻的大豆发出新叶，老叶还有部分黄褐斑；药害重时，大豆叶片枯死、心叶皱缩，生长受到抑制

图 3-22　在大豆生长期，遇高温干旱或晴天上午，茎叶喷施 50% 异丙草胺乳油 12 天后的田间药害恢复与生长情况比较　施药处理 12 天后，药害重的部分叶片枯死、心叶皱缩，对大豆生长影响严重，长势明显差于空白对照

对于前期未能封闭除草的田块，在杂草基本出齐，且杂草处于幼苗期(图 3–23)时应及时施药。

可以施用：

5% 精喹禾灵乳油 50～75 毫升 /667 米$^2$；

10.8% 高效氟吡甲禾灵乳油 20～40 毫升 /667 米$^2$；

10% 喔草酯乳油 40～80 毫升 /667 米$^2$；

15% 精吡氟禾草灵乳油 40～60 毫升 /667 米$^2$；

10% 精恶唑禾草灵乳油 50～75 毫升 /667 米$^2$；

12.5% 稀禾啶乳油 50～75 毫升 /667 米$^2$；

24% 烯草酮乳油 20～40 毫升 /667 米$^2$。对水 30 升均匀喷施，可以有效防治多种禾本科杂草(图 3–24 至图 3–28)。施药时视草情、墒情确定用药量，草大、墒差时适当加大用药量。施药时注意不能飘移到周围禾本科作物上；否则，会发生严重的药害。

图 3–23　大豆苗期禾本科杂草大量发生且处于幼苗期时发生危害情况

图 3–24　15% 精吡氟禾草灵乳油防治稗草的效果比较　防治稗草的效果较好，施药后 4～7 天茎叶发红、发紫、节点坏死，生长开始受到抑制，以后逐渐枯萎死亡

图3–25　5%精喹禾灵乳油施药防治牛筋草的中毒死草过程　防治牛筋草的效果较好，施药后3～5天茎叶黄化、节点坏死，7天开始大量枯萎，以后逐渐枯萎死亡

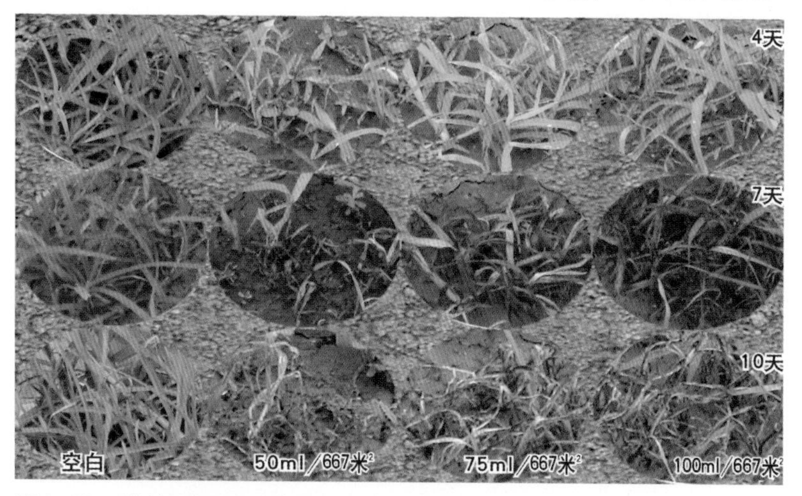


图3–26　5%精喹禾灵乳油防治牛筋草的效果比较　防治牛筋草的效果较好，施药后4天茎叶黄化、节点坏死，5～7天开始大量枯萎，以后逐渐枯萎死亡

图3–27　10.8%高效氟吡甲禾灵乳油防治马唐的效果比较　防治马唐的效果较好，施药后4～7天茎叶发红、发紫、节点坏死，生长开始受到抑制，以后逐渐枯萎死亡

图3–28 10.8%高效氟吡甲禾灵乳油防治马唐的效果比较 防治马唐的效果较好，施药后4～7天茎叶发红、发紫、节点坏死，生长开始受到抑制，以后逐渐枯萎死亡

对于前期未能有效除草的田块，在杂草较多较大时(图3–29)，应适当加大药量和水量，喷透喷匀，保证杂草均能接受到药液。

图3–29 大豆生长期禾本科杂草发生危害严重的情况

可以用：

5%精喹禾灵乳油75～125毫升/667米$^2$；

10.8%高效氟吡甲禾灵乳油40～60毫升/667米$^2$；

10%喔草酯乳油60～80毫升/667米$^2$；

15%精吡氟禾草灵乳油75～100毫升/667米$^2$；

10%精恶唑禾草灵乳油75～100毫升/667米$^2$；

12.5% 稀禾啶乳油 75～125 毫升 /667 米$^2$；

24% 烯草酮乳油 40～60 毫升 /667 米$^2$。对水 45～60 升均匀喷施，施药时视草情、墒情确定用药量，可以有效防治多种禾本科杂草；但天气干旱、杂草较大时死亡时间相对缓慢(图 3–30 至图 3–32)。杂草较大、杂草密度较高、墒情较差时适当加大用药量和喷液量；否则，杂草接触不到药液或药量较小，影响除草效果。

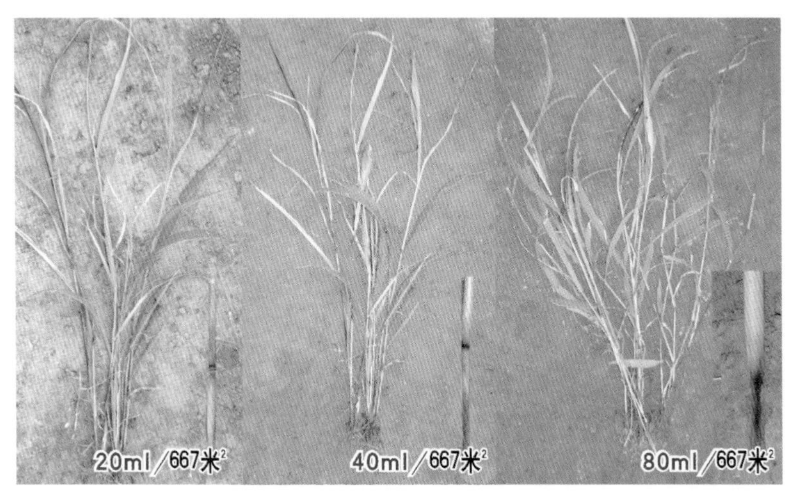


图 3–30　10.8% 高效氟吡甲禾灵乳油防治马唐的效果比较　在马唐较大时施药效果较差，施药后 7 天茎叶黄化，死亡较慢；但节点坏死，生长受到抑制，以后逐渐枯萎死亡

图 3–31　在狗尾草较大时，5% 精喹禾灵乳油施用后 10 天防治狗尾草的效果比较　在狗尾草较大时，防治效果较差，施药后 9 天茎节点变褐、坏死，生长受到抑制，但以后多数逐渐枯萎死亡

图3—32　在狗尾草较大时，10.8%高效氟吡甲禾灵乳油施药后10天防治狗尾草的效果比较　在狗尾草较大时，防治狗尾草的死草效果较慢、效果较差，施药后10天茎节点变褐、坏死，生长受到抑制，但以后多数逐渐枯萎死亡

## 五、大豆苗期以香附子、鸭跖草或马齿苋、铁苋等阔叶杂草为主的豆田杂草防治

在大豆主产区，除草剂应用较多的地区或地块，前期施用乙草胺、异丙甲草胺或二甲戊乐灵等封闭除草剂后，马齿苋、铁苋、打碗花等阔叶杂草或香附子、鸭跖草等恶性杂草发生较多的地块(图3—33)，杂草防治比较困难，应抓住有利时机及时防治。

在马齿苋、铁苋、打碗花、香附子等基本出齐，且杂草处于幼苗期时(图3—34)应及时施药。

具体药剂如下：

10%  乙羧氟草醚乳油10～30毫升/667米$^2$；

48%苯达松水剂150毫升/667米$^2$；

25%三氟羧草醚水剂50毫升/667米$^2$；

图 3-33　大豆生长期阔叶杂草发生危害情况

图 3-34　大豆生长期阔叶杂草和香附子发生危害严重的情况

25% 氟磺胺草醚水剂 50 毫升 /667 米²；

24% 乳氟禾草灵乳油 20 毫升 /667 米²。对水 30 升均匀喷施。该类除草剂对杂草主要表现为触杀性除草效果(图 3−35 至图 3−39)，施药时务必喷施均匀。宜在大豆 2～4 片羽状复叶时施药，大豆田施药会产生轻度药害(图 3−40 至图 3−43)，过早或过晚均会加大药害。施药时视草情、墒情确定用药量。

在东北地区，大豆苗期鸭跖草、龙葵、铁苋等杂草发生较重(图 3−44)应及时施药。

图 3−35　在生长期喷施 24% 三氟羧草醚水剂后对阔叶杂草的除草活性比较　三氟羧草醚生长期施用对阔叶杂草均表现出较好的除草效果，叶片干枯死亡，对马齿苋的防治效果最为突出，对苘麻和反枝苋的效果次之

图 3–36　生长期喷施 24% 乳氟禾草灵乳油 20 毫升 /667 米$^2$ 香附子的中毒表现过程　施药后香附子叶片大量干枯死亡，但以后未死心叶又会复发

图 3–37　生长期喷施 24% 三氟羧草醚水剂后反枝苋的中毒症状表现与恢复过程比较　三氟羧草醚生长期施用 2～6 天后反枝苋叶片大量干枯死亡，但以后未死心叶和嫩枝又会恢复生长，生产上往往出现除草不彻底

图3-38 生长期喷施24%乳氟禾草灵乳油后香附子的中毒症状 生长期施乳氟禾草灵后，香附子叶片大量干枯死亡，但以后未死心叶又会复发，香附子生长受到一定程度的抑制

图3-39 生长期喷施10%乙羧氟草醚乳油30毫升/667米$^2$后香附子的中毒症状 生长期施用乙羧氟草醚后，香附子叶片大量干枯死亡，地上部分基本死亡，但块茎会再生出新叶

图3–40　在大豆播后芽前，喷施10%乙羧氟草醚乳油后的药害症状变化过程　在生长期喷施药剂后1～2天大豆叶片上即出现失绿、黄化、叶面出现大片黄斑，以后随着新叶发出，生长逐渐恢复

3–41　在大豆生长期，叶面喷施10%乙羧氟草醚乳油4天后的药害症状　在生长期喷施药剂后，大豆叶片上出现黄褐斑，药害较轻时，对大豆影响较小；药害较重时，叶片枯焦，心叶坏死，长势受到严重的影响

图3–42　在大豆生长期，叶面喷施25%氟磺胺草醚乳油4天后的药害症状　生长期施药后，药害较轻时，叶片上有黄褐斑，心叶未受到伤害，对大豆影响较小；高剂量下药害较重，叶片枯焦，重者可致心叶坏死

图3–43　在大豆生长期，叶面喷施24%乳氟禾草灵乳油4天后的药害症状　在生长期喷施药剂后，大豆叶片上出现黄褐斑，药害较轻时，对大豆影响较小

图 3-44　大豆生长期阔叶杂草发生危害情况

具体药剂如下：

10%乙羧氟草醚乳油10～30毫升/667米$^2$+48%异恶草酮水剂；

48%苯达松水剂150毫升/667米$^2$；

25%三氟羧草醚水剂50毫升/667米$^2$；

25%氟磺胺草醚水剂50毫升/667米$^2$；

24%乳氟禾草灵乳油20毫升/667米$^2$。对水30升均匀喷施。宜在大豆2～4片羽状复叶时施药，大豆田施药会产生轻度药害，过早或过晚均会加大药害。

## 六、大豆苗期以禾本科杂草和阔叶杂草混生的豆田杂草防治

部分大豆田，前期未能及时的施用除草剂或除草效果不好时，苗期发生大量杂草(图3-45)，生产上应针对杂草发生种类和栽培管理情况，正确地选择除草剂种类和施药方法。

在南方及华北夏大豆田(图3-46)，对于以马唐、狗尾草为主，

并有藜、苋少量发生的地块，在大豆 2～4 片羽状复叶期、杂草基本出齐且处于幼苗期时应及时施药。

图 3–45　大豆生长期禾本科杂草和阔叶杂草混合发生危害情况

图 3–46　大豆苗期禾本科杂草和阔叶杂草混合发生危害情况

具体药剂如下：

5% 精喹禾灵乳油 50～75 毫升 /667 米$^2$+48% 苯达松水剂 150 毫升 /667 米$^2$；

10.8% 高效氟吡甲禾灵乳油 20～40 毫升 /667 米$^2$+25% 三氟羧草醚水剂 50 毫升 /667 米$^2$；

5% 精喹禾灵乳油 50～75 毫升 /667 米$^2$+24% 乳氟禾草灵乳油 20 毫升 /667 米$^2$。对水 30 升均匀喷施。宜在大豆 2～4 片羽状复叶时施药，施药时视草情、墒情确定用药量。草大、墒差适当加大用药量。

在东北春大豆田(图 3–47)，苗期马唐、狗尾草、稗草、龙葵、鸭跖草等发生严重，在大豆 2～4 片羽状复叶期、杂草基本出齐且处于幼苗期时应及时施药。

图 3–47　大豆苗期禾本科杂草和阔叶杂草混合发生危害情况

具体药剂如下：

5% 精喹禾灵乳油 50～75 毫升 /667 米$^2$+48% 苯达松水剂 150 毫升 /667 米$^2$；

10.8% 高效氟吡甲禾灵乳油 20～40 毫升 /667 米$^2$+25% 三氟羧草醚水剂 50 毫升 /667 米$^2$；

5% 精喹禾灵乳油 50～75 毫升 /667 米$^2$+24% 乳氟禾草灵乳油 20 毫升 /667 米$^2$；

宜在大豆 2～4 片羽状复叶时施药，施药时视草情、墒情确定用药量。草大、墒差适当加大用药量。对水 30 升均匀喷施。

# 第四章 花生田杂草防治技术

近几年来，随着农业生产的发展和耕作制度的变化，花生田杂草的发生出现了很多变化。农田肥水条件普遍提高，杂草生长旺盛，但部分田也有灌溉条件较差的情况；小麦普遍采用机器收割，麦茬高、麦糠和麦秸多，影响花生田封闭除草剂的应用效果，但也有部分花生田在小麦收获前实行了行间点播；花生田除草剂单一品种长期应用，部分地块香附子等恶性杂草大量增加。目前，不同地区、不同地块的栽培方式、管理水平和肥水差别逐渐加大，在花生田杂草防治中应区别对待各种情况，选用适宜的除草剂品种和配套的施药技术。

花生播种期进行杂草防治是杂草防治中的一个重要时期，但花生多于砂地种植，芽前施药有较大的局限性。播前、播后苗前施药的优点：可以防除杂草于萌芽期和造成危害之前；由于早期控制了杂草，可以推迟或减少中耕次数；播前施药混土能提高对土壤深层出土的一年生大粒阔叶杂草和某些难防治的禾本科杂草的防治效果；还可以改善某些药剂对花生的安全性。播前、播后苗前施药的缺点：使用药量与药效受土壤质地、有机质含量、pH 值制约；在砂质土，遇大雨可能将某些除草剂(如乙氧氟草醚、乙草胺)淋溶到种子上产生药害；播后苗前土壤处理，土壤必须保持湿润才能使药剂发挥作用，如在干旱条件下施药，除草效果差，甚至无效。

花生生长期化学除草特别重要，苗后茎叶处理具有的优点：受土壤类型、土壤湿度的影响相对较小；看草施药，针对性强。苗后茎叶处理具有的缺点：生长期施用的多种除草剂杀草谱较窄；喷药时对周围敏感作物易造成飘移危害；有些药剂高温条件下应用除草效果好，但同时对花生也易产生药害；干旱少雨、空气湿度较小和杂草生长缓慢的情况下，除草效果不佳；除草时间愈拖延，花生减产愈明显；苗后茎叶处理必须在大多数杂草出土，且具有一定截留药液的叶面积时施用，但此时花生已明显遭受草害。

## 一、地膜覆盖花生田芽前杂草防治

我国部分地区，特别是部分砂土地区、山区丘陵或城郊，春季地膜花生还有一定的面积。田间如不进行化学除草，往往严重影响花生的生长、顶烂地膜(图 4–1)。这类地块，多为砂质土、墒情差，晚上和阴天温度极低、白天阳光下温度极高，为保证除草剂的药效和安全增加了难度。这些地块不进行化学除草不行，进行化学除草效果又较差。生产上选择除草剂品种时，应尽量选择受墒情和温度影响较小的品种，以保证药效；药量选择时，应尽量降低用量，必须考虑药效和安全两方面的需要。

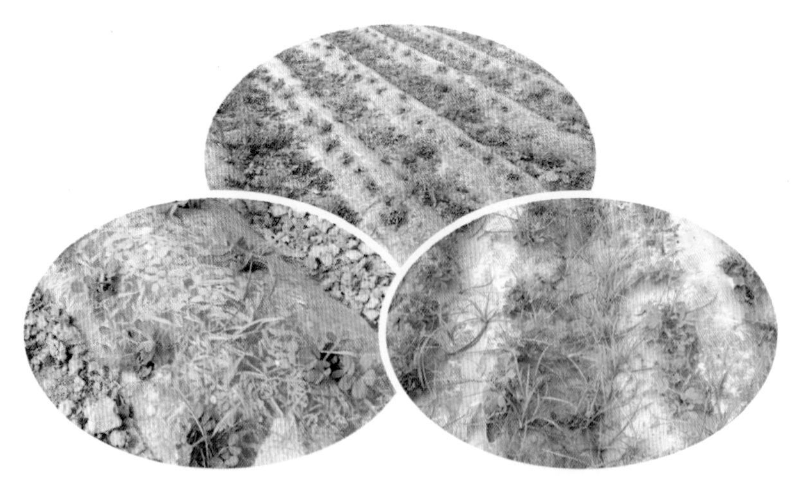

图 4–1　地膜覆盖花生田杂草发生危害情况

对于一般地膜花生田，以马唐、狗尾草、藜等杂草为主，应在播种后、覆膜前(图 4–2)及时施药，常用除草剂品种与用量：

图 4–2　地膜覆盖花生田播种和施药时期

33% 二甲戊乐灵乳油 100～150 毫升 /667 米$^2$；

48% 氟乐灵乳油 100～150 毫升 /667 米$^2$(施药后需浅混土)；

50% 乙草胺乳油 75～120 毫升 /667 米$^2$；

72% 异丙甲草胺乳油 100～150 毫升 /667 米$^2$。

在花生播种后、覆膜前(花生芽前)，对水 45 升，均匀喷施，氟乐灵施药后应及时进行混土。

对于田间发生有大量禾本科杂草和阔叶杂草的地块，可以用：

50% 乙草胺乳油 75～100 毫升 /667 米$^2$+20% 恶草酮乳油 100 毫升 /667 米$^2$；

50% 乙草胺乳油 75～100 毫升 /667 米$^2$+50% 扑草净可湿性粉剂 50 克 /667 米$^2$；

33% 二甲戊乐灵乳油 75～100 毫升 /667 米$^2$+20% 恶草酮乳油 100 毫升 /667 米$^2$；

33% 二甲戊乐灵乳油 75～100 毫升 /667 米$^2$+50% 扑草净可湿性粉剂 50 克 /667 米$^2$；

72% 异丙草胺乳油 75～100 毫升 /667 米$^2$+20% 恶草酮乳油 100 毫升 /667 米$^2$；

72% 异丙草胺乳油 75～100 毫升 /667 米$^2$+50% 扑草净可湿性粉剂 50 克 /667 米$^2$；

在花生播后芽前，对水 45 升，均匀喷施。

对于田间发生有大量禾本科杂草、阔叶杂草和香附子的地块，可以用：

33% 二甲戊乐灵乳油 75～100 毫升 /667 米$^2$+24% 甲咪唑烟酸水剂 30 毫升 /667 米$^2$；

72% 异丙草胺乳油 75～100 毫升 /667 米$^2$+24% 甲咪唑烟酸水剂 30 毫升 /667 米$^2$；

在花生播后芽前，对水 45 升，均匀喷施。

## 二、正常栽培条件花生田芽前杂草防治

部分生产条件较好的花生产区，习惯于麦收后翻耕平整土地后播种花生(图 4–3)，对于这些地区花生播后芽前进行杂草防治是一个最有利、最关键的时期。

华北花生栽培区(图 4–4)，降雨量少、土壤较旱，对于以前施用除草剂较少，对于田间常见杂草种类为马唐、狗尾草、牛筋草、稗草、藜、苋的田块，在花生播后芽前，可以用：

50% 乙草胺乳油 150～200 毫升 /667 米$^2$；

33% 二甲戊乐灵乳油 200～250 毫升 /667 米$^2$；

72% 异丙甲草胺乳油 200～250 毫升 /667 米$^2$，对水 45 升，均匀喷施。

图 4-3　南部花生栽培模式

图 4-4 华北夏花生田播种和施药情况

对于田间发生有大量禾本科杂草和阔叶杂草的地块，可以用：

50% 乙草胺乳油 100～200 毫升 /667 米$^2$+20% 恶草酮乳油 100 毫升 /667 米$^2$；

33% 二甲戊乐灵乳油 150～200 毫升 /667 米$^2$+50% 扑草净可湿性粉剂 50 克 /667 米$^2$；

72% 异丙草胺乳油 150～250 毫升 /667 米$^2$+20% 恶草酮乳油 100 毫升 /667 米$^2$；

72% 异丙草胺乳油 150～250 毫升 /667 米 2+50% 扑草净可湿性粉剂 50 克 /667 米$^2$，在花生播后芽前，对水 45 升，均匀喷施。

对于田间发生有大量禾本科杂草、阔叶杂草和香附子的地块，可以用：

50% 乙草胺乳油 100～200 毫升 /667 米 $^2$+24% 甲咪唑烟酸水剂 20～30 毫升 /667 米 $^2$；

33% 二甲戊乐灵乳油 150～200 毫升 /667 米 $^2$+24% 甲咪唑烟酸水剂 20～30 毫升 /667 米 $^2$；

72% 异丙草胺乳油 150～200 毫升 /667 米 $^2$+24% 甲咪唑烟酸水剂 20～30 毫升 /667 米 $^2$，在花生播后芽前，对水 45 升，均匀喷施。

驻马店等河南中南部及其以南花生栽培区(图 4–5)，降雨量较大、杂草发生严重。对于以前施用除草剂较少，田间常见杂草种类为马唐、狗尾草、牛筋草、稗草、藜、苋的田块，在花生播后芽前，可以用：

50% 乙草胺乳油 200～250 毫升 /667 米 $^2$；

33% 二甲戊乐灵乳油 200～250 毫升 /667 米 $^2$；

图 4–5 华北夏花生田播种和施药情况

72%异丙甲草胺乳油200～250毫升/667米$^2$，对水45升，均匀喷施。

对于田间发生有大量禾本科杂草和阔叶杂草的地块，可以用：

50%乙草胺乳油200～250毫升/667米$^2$；

48%二甲戊乐灵乳油150～250毫升/667米$^2$；

72%异丙草胺乳油200～300毫升/667米$^2$，同时加入下列任意一种药剂：

24%乙氧氟草醚乳油20毫升/667米$^2$、20%恶草酮乳油100毫升/667米$^2$、50%扑草净可湿性粉剂50克/667米$^2$。

在花生播后芽前，对水45升，均匀喷施。

对于田间发生有大量禾本科杂草、阔叶杂草和香附子的地块，可以用：

50%乙草胺乳油100～200毫升/667米$^2$+24%甲咪唑烟酸水剂30毫升/667米$^2$；

33%二甲戊乐灵乳油150～200毫升/667米$^2$+24%甲咪唑烟酸水剂30毫升/667米$^2$；

72%异丙草胺乳油150～200毫升/667米$^2$+24%甲咪唑烟酸水剂30毫升/667米$^2$。

在花生播后芽前，对水45升，均匀喷施。该区经常有降雨，在花生播后芽前施用酰胺类、二硝基苯胺类除草剂、乙氧氟草醚、恶草酮时易于发生药害，特别是遇低温高湿情况更易于发生药害(图4–6至图4–15)，施药时应注意墒情和天气预报。乙氧氟草醚、恶草酮为触杀性芽前除草剂，施药时要喷施均匀。扑草净对花生安全性差，不要随意加大剂量；否则，易于发生药害(图4–16至图4–18)。

图 4–6　在花生播种后芽前，高湿条件下，施用 72% 异丙草胺乳油 18 天后的药害症状　随着生长，药害症状有所恢复，轻度药害对花生生长影响不大；药量过大花生茎基部畸形肿胀，发育缓慢，对花生生长有一定的抑制作用

图 4–7　在花生播后芽前，高湿条件下，施用 72% 异丙草胺乳油 8 天后的药害症状　花生幼苗矮小，茎基畸形膨胀，根系较弱，发育缓慢，生长受到抑制

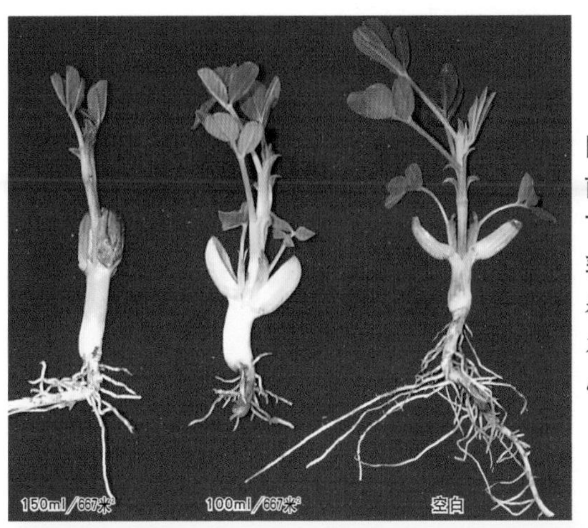


图4-8　在花生播后芽前，持续低温高湿条件下，施用72%异丙甲草胺乳油30天后的药害症状　施药后出苗缓慢，以后花生生长缓慢，植株矮小，根系较弱

图4-9　在花生播后苗前，高湿条件下过量施用50%乙草胺乳油后的药害症状　施药处理花生矮小，长势明显差于空白对照。随着生长花生长势逐渐恢复，但与空白对照相比施药处理花生较矮

图4-10　在花生播后芽前，遇高湿条件喷施24%乙氧氟草醚乳油30毫升/667米²后的药害症状过程　花生苗后叶片上出现大量药害斑点，以后随着生长而不断发出新叶，对新叶生长基本没有影响，整体生长逐渐恢复

图4-11　在花生播后芽前，低温高湿条件下，喷施33%二甲戊乐灵乳油15天后的药害症状　轻度受害花生基本可以恢复；重者根系受到抑制，植株矮化，叶片畸形，长势差

图4-12　在花生播后芽前，遇高湿条件喷施24%乙氧氟草醚乳油后的药害症状过程　花生苗后叶片上出现药害斑点，低剂量下以后随着生长而不断发出新叶，对生长基本没有影响；高剂量下大量叶片枯死，生长受到影响，但未死心叶还可以复发

图4–13　在花生播后苗前，遇持续高温高湿条件，喷施恶草酮10天后的药害症状　花生苗后茎叶发黄、出现枯黄斑，长势差

图4–14　在花生播后苗前，喷施12%恶草酮乳油后的药害症状　施药后幼苗斑点性枯黄、叶尖干枯，但不影响新叶发生，轻度药害以后会逐渐恢复

图4-15　在花生播后苗前，遇持续高温高湿条件，喷施12%恶草酮乳油后的药害症状　花生出苗基本正常，苗后茎叶发黄、出现黄斑，长势较差于空白对照

图4-16　在花生播后芽前，喷施扑草净的药害症状比较　受害花生正常出苗，苗后叶片黄化、从叶尖和叶缘开始逐渐枯死

图4-17 在花生播后芽前，喷施50%扑草净可湿粉的药害症状比较 受害花生正常出苗，苗后叶片黄化、从叶尖和叶缘开始枯死。高剂量区基本死亡，低剂量处理也受到较大的影响。光照强、温度高药害发展迅速

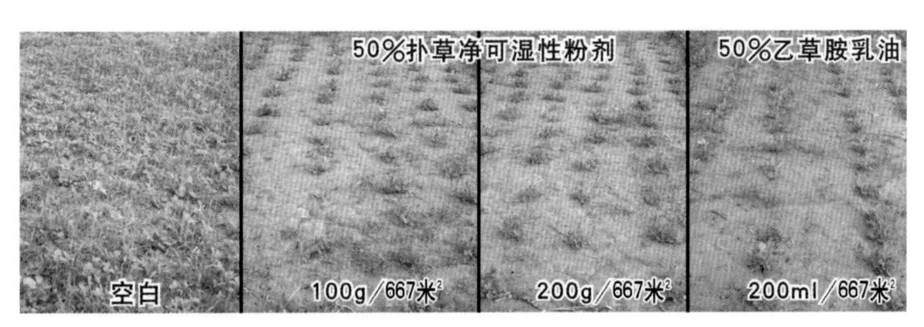


图4-18 在花生播后芽前，喷施扑草净的药害症状比较 施药后花生正常出苗，苗后叶片黄化，前期生长略受影响，一般低剂量下对花生生长影响不大，部分受害重的花生从叶尖和叶缘开始枯黄，个别叶片枯死。田间除草效果较好

## 三、花生2～4片羽状复叶期田间无草或中耕锄地后杂草防治

黄淮海中北部夏花生产区是花生主产区，为争取时间和墒情，习惯在小麦收获前几天将花生点播于小麦行间；也有一部分地块在

小麦收获后点播，由于三夏大忙，无法进行灭茬和施药除草，花生田除草必须在生长期进行。同时，对于播后芽前进行除草而未能有效防治的地块，也需要在生长期进行除草(图 4–19)。

图 4–19　黄淮海中北部夏花生栽培模式

花生点播于小麦行间的田块(图 4–20)，可以在花生苗期结合锄地、中耕灭茬，除去已出苗杂草，同时采用封闭除草的方法施药，可以有效防治花生田杂草。这种方法成本低廉、除草效果好，基本上可以控制整个生育期内杂草的危害。常用除草剂品种与用量：

50% 乙草胺乳油 120～150 毫升 /667 米$^2$；

72% 异丙草胺乳油 150～200 毫升 /667 米$^2$；

72% 异丙甲草胺乳油 150～200 毫升 /667 米$^2$。

在花生幼苗期、封行前，对水 45 升，均匀喷施，宜选用墒情好、阴天或下午 17 时后施药，如遇高温、干旱、强光条件下施药，花生会产生触杀性药斑(图 4–21)，但一般情况下对花生生长影响不

图 4-20　花生苗期田间灭茬情况

图 4-21　在花生生长期，遇高温高湿、晴天中午，茎叶过量喷施 50% 异丙草胺乳油的药害症状　受害花生叶片上有红褐色斑点，以后可以发出正常的新叶，一般情况下对花生生长没有影响

大。对于田间发生有大量禾本科杂草、阔叶杂草和香附子的地块，可以用：

50% 乙草胺乳油 100～200 毫升 /667 米$^2$+24% 甲咪唑烟酸水剂 30 毫升 /667 米$^2$；

33% 二甲戊乐灵乳油 150～200 毫升 /667 米$^2$+24% 甲咪唑烟酸水剂 30 毫升 /667 米$^2$；

72% 异丙草胺乳油 150～200 毫升 /667 米$^2$+24% 甲咪唑烟酸水剂 30 毫升 /667 米$^2$；

对水 45 升，均匀喷施。在小麦收获 1～2 周后灭茬浇地，花生田墒情较好、长势良好情况下施药对花生比较安全；但是，田间干旱、麦收后花生长势较弱时施药易发生药害(图 4-22 至图 4-25)。

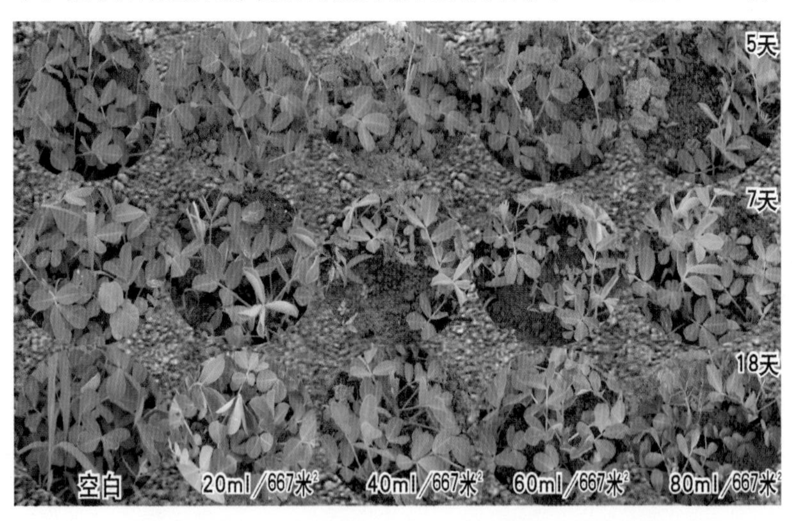


图 4-22　在花生生长期，叶面喷施 24% 甲咪唑烟酸水剂后的药害症状　甲咪唑烟酸对花生比较安全，高剂量下施药 5～7 天后叶色发黄、生长受到暂时抑制，10～12 天以后多会逐渐恢复生长

图 4-23　在小麦与花生套作田，小麦收获后、田间干旱、花生长势较差时，叶面喷施 24% 甲咪唑烟酸水剂后的田间药害症状比较　花生叶色发黄、生长受到严重抑制，轻度药害以后多会逐渐恢复生长，重者会出现大量死苗的现象

图 4-24　在小麦与花生套作田，小麦收获后田间干旱、花生长势较差时，叶面喷施 24% 甲咪唑烟酸水剂后的田间药害症状　花生叶色发黄、矮小、生长受到严重抑制

图 4-25　在小麦与花生套作田，小麦收获后、田间干旱、花生长势较差时，叶面喷施 24% 甲咪唑烟酸水剂后的药害症状比较　花生叶色发黄、生长受到严重抑制，轻度药害以后多会逐渐恢复生长，重者会出现大量死苗现象

## 四、花生生长期田间禾本科杂草的防治

对于前期未能进行及时化学除草、并遇到阴雨天气，田间往往发生大量杂草，乃至形成草荒(图 4-26)，应及时进行化学除草。

在花生苗期锄地、中耕灭茬后，特别是中耕后遇雨，田间有禾本科杂草少量出苗后(图 4-27)，过早盲目施用茎叶期防治禾本科杂草的除草剂，如精喹禾灵等，并不能达到理想的除草效果；该期可以采用除草和封闭兼备的除草方法，可以有效防治花生田杂草。这种方法封杀兼备、除草效果好，可以控制整个生育期内杂草的危害。该期施药时，可以施用：

5% 精喹禾灵乳油 50～75 毫升 /667 米$^2$+50% 乙草胺乳油 150～200 毫升 /667 米$^2$；

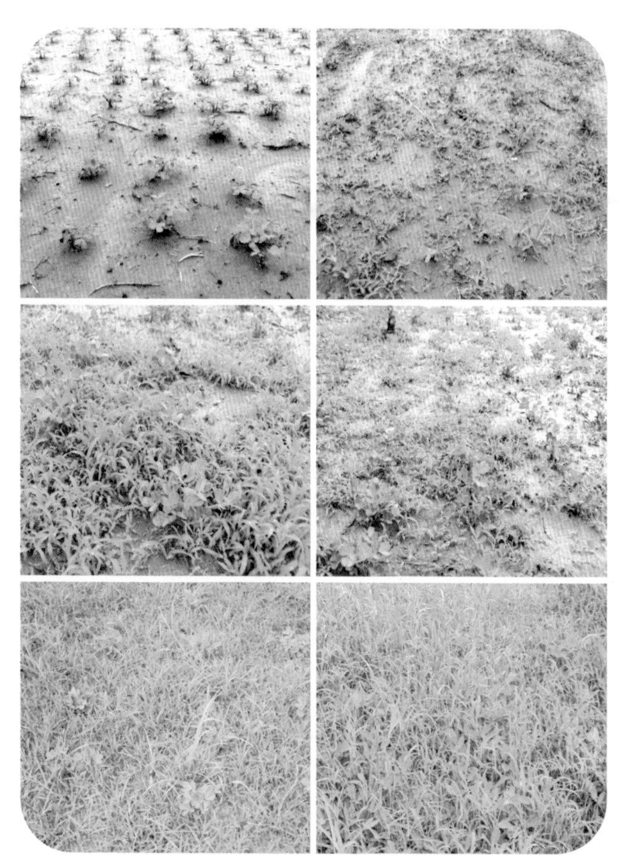

图 4-26　花生苗期杂草发生情况

图 4-27　花生田禾本科杂草发生前期

5%精喹禾灵乳油50～75毫升/667米$^2$+33%二甲戊乐灵乳油150～250毫升/667米$^2$；

12.5%稀禾啶乳油50～75毫升/667米$^2$+72%异丙甲草胺乳油150～250毫升/667米$^2$；

24%烯草酮乳油20～40毫升/667米$^2$+50%异丙草胺乳油150～250毫升/667米$^2$；

对水30升均匀喷施。

施药时视草情、墒情确定用药量。草大、墒差时适当加大用药量。由于花生田干旱或中耕除草，田间尽管杂草较小较少，但花生较大时，不宜施用该配方；否则，药剂过多喷施到花生叶片，特别是遇高温干旱正午强光下施药易于发生严重的药害，降低除草效果，宜选用墒好、阴天或下午17时后施药。

对于前期未能封闭除草的田块，在杂草基本出齐，且杂草处于幼苗期(图4–28)时应及时施药。可以施用：

图4–28　花生田大量禾本科杂草发生情况

5% 精喹禾灵乳油 50～75 毫升 /667 米$^2$；

10.8% 高效氟吡甲禾灵乳油 20～40 毫升 /667 米$^2$；

10% 喔草酯乳油 40～80 毫升 /667 米$^2$；

15% 精吡氟禾草灵乳油 40～60 毫升 /667 米$^2$；

10% 精恶唑禾草灵乳油 50～75 毫升 /667 米$^2$；

12.5% 稀禾啶乳油 50～75 毫升 /667 米$^2$；

24% 烯草酮乳油 20～40 毫升 /667 米$^2$，对水 30 升均匀喷施，可以有效防治多种禾本科杂草。施药时视草情、墒情确定用药量，草大、墒差时适当加大用药量。施药时注意不能飘移到周围禾本科作物上，否则，会发生严重的药害。

对于前期未能有效除草的田块，在花生田禾本科杂草较多较大时(图 4–29)，应适当加大药量和施药水量，喷透喷匀，保证杂草均能接受到药液。可以施用：

5% 精喹禾灵乳油 75～125 毫升 /667 米$^2$；

10.8% 高效氟吡甲禾灵乳油 40～60 毫升 /667 米$^2$；

10% 喔草酯乳油 60～80 毫升 /667 米$^2$；

图 4–29　花生田禾本科杂草发生严重的情况

15%精吡氟禾草灵乳油75～100毫升/667米²；

10%精恶唑禾草灵乳油75～100毫升/667米²；

12.5%稀禾啶乳油75～125毫升/667米²；

24%烯草酮乳油40～60毫升/667米²。对水45～60升均匀喷施，施药时视草情、墒情确定用药量，可以有效防治多种禾本科杂草；但天气干旱、杂草较大时死亡时间相对缓慢。杂草较大、杂草密度较高、墒情较差时适当加大用药量和喷液量；否则，杂草接触不到药液或药量较小，影响除草效果。

## 五、花生生长期田间阔叶杂草、香附子的防治

在花生主产区，除草剂应用较多的地区或地块，前期施用芳氧基苯氧基丙酸类、环己烯酮类、乙草胺、异丙甲草胺或二甲戊乐灵等除草剂后，马齿苋、铁苋、打碗花等阔叶杂草或香附子、鸭跖草等恶性杂草发生较多的地块(图4−30)，杂草防治比较困难，应抓住

图4−30　花生生长期阔叶杂草发生危害情况

有利时机及时防治。

在马齿苋、铁苋、打碗花、香附子等基本出齐，且杂草处于幼苗期时(图 4–31)应及时施药。具体药剂如下：

图 4–31　花生生长期阔叶杂草发生危害情况

10% 乙羧氟草醚乳油 10～20 毫升 /667 米²；

48% 苯达松水剂 150 毫升 /667 米²；

25% 三氟羧草醚水剂 50 毫升 /667 米²；

25% 氟磺胺草醚水剂 50 毫升 /667 米²；

24% 乳氟禾草灵乳油 20 毫升 /667 米²，对水 30 升均匀喷施。该类除草剂对杂草主要表现为触杀性除草效果，施药时务必喷施均匀。宜在花生 2～4 片羽状复叶时施药，花生田施药会产生轻度药害(图 4–32 至图 4–34)，过早或过晚均会加大药害。施药时视草情、墒情确定用药量。

在香附子发生严重的花生田(图 4–35)，在香附子等杂草基本出齐，且杂草处于幼苗期时应及时施药，可以用 24% 甲咪唑烟酸水剂 30 毫升 /667 米²，对水 45 升，均匀喷施，对香附子等多种杂草具有较好的防治效果(图 4–36 至图 4–39)。在香附子较大时，可以用：

24% 甲咪唑烟酸水剂 30 毫升 /667 米$^2$+10% 乙羧氟草醚乳油 10～20 毫升 /667 米$^2$；

24% 甲咪唑烟酸水剂 30 毫升 /667 米$^2$+48% 苯达松水剂 150 毫升 /667 米$^2$；

24% 甲咪唑烟酸水剂 30 毫升 /667 米$^2$+25% 三氟羧草醚水剂 50 毫升 /667 米$^2$；

24% 甲咪唑烟酸水剂 30 毫升 /667 米$^2$+25% 氟磺胺草醚水剂 50 毫升 /667 米$^2$；

图 4–32　在花生生长期，叶面喷施 10% 乙羧氟草醚 40 毫升 /667 米$^2$ 后的药害症状过程　施药后 1 天即叶片失绿、叶片出现浅黄色斑；以后叶片黄化、出现黄褐色斑，部分叶片坏死，以后又不断长出新叶，恢复生长

图4-33　在花生生长期，叶面喷施25%氟磺胺草醚乳油后的药害症状　叶片斑状黄化，少数叶片枯黄死亡，高剂量处理下部分植株死亡，低剂量下多数花生可以恢复生长

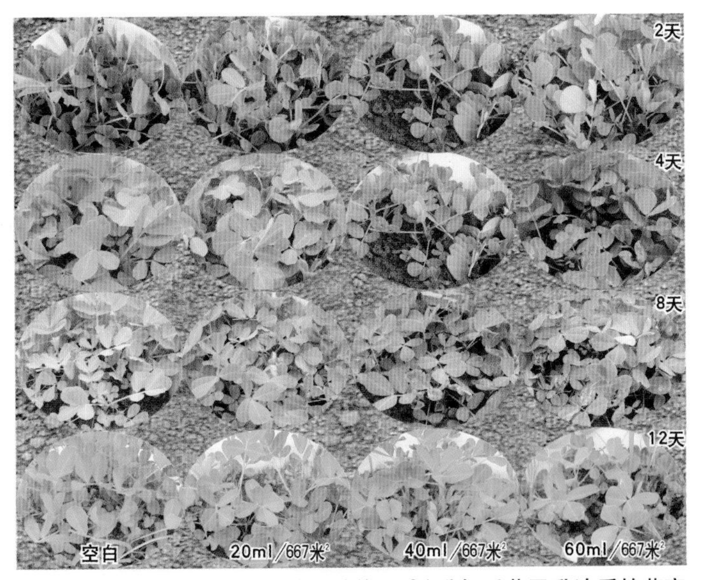


图4-34　在花生生长期，叶面喷施24%乳氟禾草灵乳油后的药害症状　施药后1～2天花生叶片即产生褐色斑点，低剂量区斑点少而小，对花生生长基本上没有影响；高剂量区药害较重，部分叶片枯死，长势受到暂时的影响

图 4-35　花生生长期香附子发生危害情况

图 4-36　24％甲咪唑烟酸水剂芽前施药对香附子的防治效果比较　**甲咪唑烟酸芽前施药对香附子也有较好的防效，香附子出苗后生长停滞、逐渐死亡**

图 4-37　24％甲咪唑烟酸水剂对香附子的防治效果比较　**甲咪唑烟酸芽生长期施药对香附子具有较好的防效，低剂量下可以有效地抑制生长，高剂量下可以使地下根茎腐烂、根治香附子的危害**

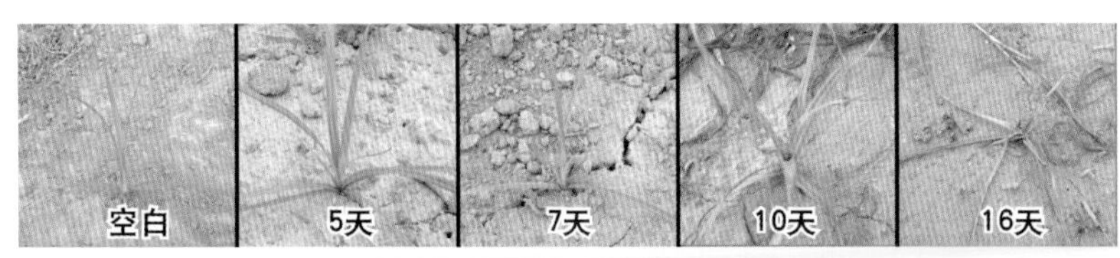


图4-38　24%甲咪唑烟酸水剂40毫升/667米$^2$对香附子的防治效果比较　甲咪唑烟酸芽生长期施药对香附子具有较好的防效，5～7天后心叶黄化、生长停滞，以后逐渐死亡

图4-39　24%甲咪唑烟酸水剂对反枝苋的防治效果比较　甲咪唑烟酸对反枝苋防效较好，茎叶施药后2～3天黄化、倒伏、生长停滞，以后逐渐死亡

24%甲咪唑烟酸水剂30毫升/667米²+24%乳氟禾草灵乳油20毫升/667米²，对水30升均匀喷施，对香附子的效果较好。该类除草剂对杂草主要表现为触杀性除草效果，施药时务必喷施均匀。宜在花生2～4片羽状复叶时施药，施药过晚或施药剂量过大时易对后茬发生药害。

## 六、花生生长期田间禾本科杂草和阔叶杂草等混生田的杂草的防治

部分花生田，前期未能及时施用除草剂或除草效果不好时，苗期发生大量杂草(图4-40)，生产上应针对杂草发生种类和栽培管理情况，正确地选择除草剂种类和施药方法。

部分花生田(图4-41)，在花生生长前期或雨季来临之前，对于以马唐、狗尾草、马齿苋、藜、苋发生的地块，在花生2～4片羽状复叶期、杂草基本出齐且处于幼苗期时应及时施药，可以用杀

图4-40　花生生长期禾本科杂草和阔叶杂草混合发生危害情况

图 4-41　花生苗期禾本科杂草和阔叶杂草混合发生较轻的情况

草、封闭兼备的除草剂配方。具体药剂如下：

5% 精喹禾灵乳油 50 毫升 /667 米$^2$+48% 苯达松水剂 150 毫升 /667 米$^2$+50%乙草胺乳油 150～200 毫升 /667 米$^2$；

10.8% 高效氟吡甲禾灵乳油 20 毫升 /667 米$^2$+25% 三氟羧草醚水剂 50 毫升 /667 米$^2$+50%乙草胺乳油 150～200 毫升 /667 米$^2$；

10.8% 高效氟吡甲禾灵乳油 20 毫升 /667 米$^2$+25% 三氟羧草醚水剂 50 毫升 /667 米$^2$+72%异丙甲草胺乳油 150～250 毫升 /667 米$^2$；

5% 精喹禾灵乳油 50 毫升 /667 米$^2$+24% 乳氟禾草灵乳油 20 毫升 /667 米$^2$+50%乙草胺乳油 150～200 毫升 /667 米$^2$；

5% 精喹禾灵乳油 50 毫升 /667 米$^2$+48% 苯达松水剂 150 毫升 /667 米$^2$+72%异丙甲草胺乳油 150～250 毫升 /667 米$^2$；

5% 精喹禾灵乳油 50 毫升 /667 米$^2$+48% 苯达松水剂 150 毫升 /667 米$^2$+33%二甲戊乐灵乳油 150～250 毫升 /667 米$^2$，对水 30 升均匀喷施，施药时视草情、墒情确定用药量。还可以在上述除草剂配方之中，对于香附子发生较多的田块，可以加入 24% 甲咪唑烟酸水剂 30 毫升 /667 米$^2$，但不宜施药过晚，与后茬间隔期达不到 3～4 个月时，易对后茬发生药害。

部分花生田(图 4-42)，对于以马唐、狗尾草为主，并有藜、苋少量发生的地块，在花生 2～4 片羽状复叶期、杂草大量发生且处

图 4-42　花生苗期禾本科杂草和阔叶杂草混合发生危害情况

于幼苗期时应及时施药，可以用：

5% 精喹禾灵乳油 50～75 毫升 /667 米$^2$+48% 苯达松水剂 150 毫升 /667 米$^2$；

10.8% 高效氟吡甲禾灵乳油 20～40 毫升 /667 米$^2$+25% 三氟羧草醚水剂 50 毫升 /667 米$^2$；

5% 精喹禾灵乳油 50～75 毫升 /667 米$^2$+24% 乳氟禾草灵乳油 20 毫升，对水 30 升均匀喷施，宜在花生 2～4 片羽状复叶时施药，施药时视草情、墒情确定用药量。

如果田间杂草密度不太高，田间未完全封行，可以将防治阔叶杂草的除草剂与防治禾本科的除草剂混用；如果密度较大，尽量分开施药或仅施用防治禾本科杂草的除草剂，以确保除草效果和对作物的安全性。

## 七、花生5片羽状复叶期以后田间密生香附子的防治

对于前期施用酰胺类除草剂进行封闭化学除草、或生长期施用一般除草剂防治杂草，而田间发生大量香附子的田块，应分情况对待。对于田间香附子较小、花生未封行时(图 4-43)，可以施用 48% 苯达松水剂 150～200 毫升 /667 米$^2$，或 48% 苯达松水剂 100～120

毫升 /667 米$^2$+24% 三氟羧草醚乳油 25～35 毫升 /667 米$^2$。

图 4–43　花生 5 片羽状复叶期后田间香附子发生情况

对于田间香附子较大、花生已封行时(图 4–44)，最好选用人工除草的方法。该期用苯达松、三氟羧草醚等易对花生发生药害，同时，药液不能喷洒到杂草上而没有药效；该期施用甲咪唑烟酸除草效果下降，且易对后茬作物发生药害。

图 4–44　花生 5 片羽状复叶期后田间密生大量香附子和阔叶杂草